使用者故事對照

User Story Mapping

Jeff Patton 著

楊仁和 譯

僅將本書獻給我最堅定的支持者 *Stacy*、*Grace* 與 *Zoe*，
為了他們，一切辛苦都是值得的。

本書紀念 *Luke Barrett*，我親愛的同事與良師益友。
Luke 改變了我的生命，就像他對無數其他人所做的那樣。

目錄

推薦序

— Martin Fowler

敏捷軟體開發興起的有利成果之一，就是把龐大需求（requirements）分解成較小區塊（chunks）的理念，這些區塊 —— 使用者故事（user stories） —— 讓專案開發的進展更具能見度。當產品透過一個故事接著一個故事被建造時，每個故事的實作完全被整合到軟體產品中，每個人都能夠看見產品的成長。藉由對使用者有意義的故事，開發者能夠決定接下來要建造哪些故事，進而充分掌握專案。這種更清晰的能見度有助於鼓勵使用者更深入地參與專案 —— 不再只是等待一年或更長的時間，才能夠看到開發團隊端出什麼美味佳餚。

然而，這樣的需求分解具有一些負面效果，其中之一就是很容易丟失軟體系統應該做什麼的整體圖像（big picture，或整體概觀），最後會得到一堆與整體專案不契合的零碎片段，或者建造出一個對使用者無實質幫助的系統 —— 因為迷失在細節裡，因而錯過需求的本質。

故事對照（story mapping）是彌補上述缺點的技術，為一堆故事提供它們經常錯失的整體圖像。

真的，就是這樣 —— 這本書就是在闡述這句話，而這句話蘊涵著許多價值與承諾。整體圖像有助於讓我們跟使用者有效溝通，避免每個人建造不必要的功能，並且為前後連貫的使用者經驗提供方向。當我跟 Thought Works 的同事討論到他們如何發展使用者故事時，故事對照往往是他們採用的核心技術。他們通常是從 Jeff 主持的研習會中學到這項技術，因為他是發展這項技術並且能夠妥善傳達相關理念的人。這本書讓更多人能夠直接從源頭瞭解這項技術。

不過，這本書不只針對名片或線上履歷中具有「商業分析師」頭銜的那類人。或許，在採取敏捷方法的多年經驗中，最讓我失望的是，許多程

式人員只是將使用者故事視為分析師對他們的單向溝通，但事實上，打從根本起，使用者故事應該促進更充分的對話（*conversation*）。如果你想要實際構思支援某個活動的有效軟體，就必須將建造軟體的人們視為理解其功能的重要來源，因為最瞭解軟體能夠做什麼的人就是程式人員。程式人員必須理解他們的使用者試圖獲得什麼，並且協同建造捕捉使用者需求的故事。瞭解故事對照的程式人員可以更清楚地看到更寬廣的使用者上下文，並且能夠參與軟體的設計──產生更棒的成果。

在 Kent Beck（「故事」觀念的創造者）發展他的軟體開發理念時，他極力呼籲，充分溝通是有效團隊的關鍵價值，故事是在開發者與使用者之間進行溝通的建構區塊，而故事對照組織並架構起這些建構區塊，因而強化這個溝通過程──那是軟體開發最關鍵的部分。

－ Martin Fowler
June 18, 2014

推薦序

— *Alan Cooper*

在 Mary Shelley 的著名科幻小說《*科學怪人*》中，瘋狂的 Frankenstein 醫生利用墳場屍塊創造出恐怖的人形怪物，並且運用當時最先進的電擊技術賦予它生命。當然，我們知道這實際上是不可能的，你無法隨便將身體各個部分縫合起來，繼而創造出美妙的生命。

然而，這是軟體開發者一直試圖要做的事情，他們為軟體添加良好功能，一次一個，然後不解為何只有少數使用者垂青他們的產品，問題的核心在於，開發者使用自己的建構方法（construction method）作為設計工具（design tool），然而，兩者其實是不可互換的。

程式人員一次一個功能地**建造**軟體是完全合理的，多年經驗告訴我們，那確實是相當好的策略，然而，經過多年實證，當它被用來設計數位產品的行為與範疇時，一次一個功能的做法恐怕會產生程式版的科學怪人。

雖然密切關聯，但設計軟體行為與建造軟體之實務其實是大相逕庭的，而且，通常由不同的人運用不同的技能來達成。互動設計師花在觀察使用者與對照行為模式的大量心力會把多數程式人員都搞瘋，相反地，在演算法上揮汗荷鋤地辛勤耕耘對多數互動設計師來說實在太寂寞了。

然而，當設計與開發這兩種實務協同合作，發揮綜效時，就可能創造出具有生命力的產品。團隊合作賦予這個怪物美妙的生命，並且讓人們深深喜愛它。

雖然協同合作的想法既不新穎，亦不特別深刻，但知易行難，想要有效達成實屬不易。開發者工作的方式 —— 他們的步調、用語和節奏 —— 十分不同於互動設計師。

兩個領域的從業人員都很強大，有能力，且訓練有術，但是他們有一個共通的弱點：很難以編程術語表達設計問題，同樣地，也很難以設計術語表達開發問題，兩個姐妹領域缺乏共通的語言，其間的連結正是 Jeff Patton 擅長的領域。

Jeff 的故事對照方法對開發者很合理，對設計者也一樣。故事對照是數位時代的羅塞塔石碑（Rosetta Stone）[譯註]。

儘管與聲明相反，敏捷開發並不是非常有用的設計工具（design tool），它是思考對設計友善之開發的方式，那是很好的事情，然而，單靠它本身並不會讓你得到使用者喜愛的產品。另一方面，有非常多次的經驗，我們看到良好的設計（且說明文件完備）被交給開發者（不管是否為敏捷式），卻在實作過程中扼殺掉該設計的本質精髓。

Patton 的故事對照方法是跨越這個裂隙的橋樑。互動設計全然關乎發掘使用者的真正需求，並且像說故事般地將它敘述出來。軟體開發全然關乎把那些故事分解成細小的功能區塊，並加以實作及整合。然而，在這個複雜的過程中，故事的本質精髓非常容易「走鐘」，功能確實被實作出來，但科學怪人也死在手術檯上了。

透過對照使用者故事，設計保留了它的敘事結構（narrative structure），但還能被解構來進行有效的實作。設計者的故事（係使用者的故事的正式版）在整個開發期間維持完整無缺。

傳統大企業已經證實，二、三百人的團隊幾乎不可能建造出人們喜歡的產品，同時，新創公司社群亦已證實，四、五個人的團隊能夠打造出人們鍾愛的小產品，但這些小產品終究還是會變大，並且失去它們的火花。我們面臨的挑戰是建造人們喜愛的大軟體，大軟體服務廣大人群，進行具有商業利益的複雜工作，說實在，真的很難讓這樣的軟體用起來有趣，學起來容易。

打造非科學怪人式的大型軟體的唯一方式，就是學習如何整合軟體設計與軟體開發這兩個領域，沒有人比 Jeff Patton 更瞭解這件事。

— Alan Cooper
June 17, 2014

[譯註] 請參考 *http://zh.wikipedia.org/wiki/* 羅塞塔石碑。

推薦序

— *Marty Cagan*

我極其有幸能跟許多擁有全球最佳技術的產品團隊共事，這些人打造你鍾愛並且每天使用的產品。這些團隊實際上正在改變這個世界。

我也被引介並且幫助做得不是那麼好的公司。新創公司在燒完錢之前全力爭取市場關注，較大型的公司奮力重現早期的創新文化，團隊無法持續為公司增添價值，領導者對於需要曠時費日才能將想法付諸實現深感挫折，而工程師對產品負責人大感光火。

我所覺察的是，最佳產品公司與其他公司在建造技術性產品上存在著重大差異，我不是指微小的差別，而是指從領導者行為到團隊授權水準的一切；甚至，團隊合作的模式；組織如何考量資金、人力及產品生產；組織文化；產品、設計和工程部門如何協同合作，為客戶找到有效的解決方案。

這本書被命名為《使用者故事對照》，但很快你就會發現，它所討論的內容遠超過這項強大卻簡單的技術，這本書直指核心，探討團隊如何協同合作，充分溝通，最後構思出要打造什麼好東西。

許多讀者從來沒有機會仔細觀察強大的產品團隊如何運作，你的經驗可能侷限於你的公司，或者以前工作過的地方，因此，我想要在這裡讓你感受一下最佳團隊與其他團隊有何不同。

感謝 Ben Horowitz 的好文章〈*Good Product Manager, Bad Product Manager*〉，下面簡單說明一下強大產品團隊與差勁產品團隊之間的重要差異：

> 好團隊懷抱著傳教士般的熱情，努力擘劃他們所追求的產品遠景。壞團隊只是一群討生活的傭兵。

好團隊從各種來源汲取靈感並且發想產品——從他們的 KPI 計分卡，觀察客戶的痛苦根源，分析客戶使用產品時產生的數據，並且不斷設法運用新技術解決實際的問題。壞團隊只從銷售額與客戶口中蒐集需求。

好團隊瞭解關鍵的利害關係人是誰，洞察這些利害關係人受到的限制，並且致力於發展務實的解決方案，不僅對使用者與客戶有效，並且謹守企業受到的限制。壞團隊僅從利害關係人身上蒐集需求。

好團隊擅長諸多技術，迅速試驗產品想法，決定哪些發想真正值得發展。壞團隊只是開會討論，產生排好優先順序的路線圖（roadmap）。

好團隊喜歡跟全公司的聰明意見領袖進行腦力激盪與討論。壞團隊在有外部意見介入時感覺被冒犯。

好團隊讓產品、設計，與工程人員並肩作戰，並且就功能性、使用者經驗，以及必要技術交換意見。壞團隊各擁山頭，要求其他人透過文件與會議的形式，請求他們的服務與協助。

好團隊為了創新不斷嘗試新想法，但仍嚴謹保護企業收益與品牌形象。壞團隊總是被動地進行試驗。

好團隊堅持掌握創造成功產品必定要有的技能，例如，卓越的互動設計（interaction design）。壞團隊甚至不曉得什麼是互動設計師。

好團隊確保工程師們每天都有時間試驗探索原型（discovery prototype），以便貢獻新想法，讓產品更卓越。壞團隊僅於衝刺規劃（sprint planning）期間讓工程師們觀看原型，以便進行評估。

好團隊每週與終端使用者和客戶直接聯繫，更確切地瞭解客戶，並且釐清客戶對最新想法的反應。壞團隊視客戶如無物。

好團隊瞭解有許多特別喜歡的想法最終都無法對客戶發揮實效，甚至那些能夠發揮實效的想法都需要經過不斷修正才能夠提供客戶想要的成果。壞團隊只建造路線圖上的東西，故步自封，侷限於交付日期與品質確保的最低要求。

好團隊理解迭代（iteration）的速度是創新的關鍵，並且瞭解這個速度源自於正確的技術，而非強制的勞動。壞團隊抱怨同事不努力，致使他們進度遲緩。

好團隊在評估需求並確認找到對客戶及企業實際有效的可行方案之後，會做出具有高度完整性的承諾。壞團隊抱怨自己身處於銷售導向的公司。

好團隊量測他們的工作成果，以便即刻瞭解產品的使用狀況，並且根據量測資料進行修正。壞團隊認為分析與報告「可有可無」。

好團隊持續整合及釋出新版本，瞭解連續不斷的較小釋出能為客戶提供更穩定的解決方案。壞團隊在痛苦的整合階段結束時一併進行測試，然後一次釋出所有的成果。

好團隊把焦點聚集在參考客戶（reference customers）身上。壞團隊把精力浪費在競爭者身上。

好團隊在他們對企業 KPI 產生重大貢獻時立即慶祝。壞團隊在最終釋出產品時才慶祝。

我瞭解你可能在想這一切跟故事對照有什麼關係，我想，好好讀下去，你將感到驚訝不已，而這正是我為什麼變成故事對照之愛好者的原因。

我所見過真正夠格，並且能夠實際幫助產品團隊提升到符合公司所需之層次的敏捷開發專家實在寥寥可數，Jeff Patton 正是其中之一。根據我的觀察，Jeff 與諸多團隊合作過，切身參與產品發掘（product discovery）的工作，並且完成許多棘手的任務。我把他介紹給一些公司，因為他能夠發揮實質效用。每個團隊都喜歡他，因為他不僅學識淵博，而且為人謙遜。

在過去，產品經理獨自蒐集並且整理需求，設計師忙亂地為產品增添無謂的光彩，工程師窩在地下室裡埋首編程，不食人間煙火，這種現象在最佳團隊中早已不復存在。現在，就將這些惡習從你的團隊中驅除吧。

— Marty Cagan
June 18, 2014

前言

在裡頭生活，在裡頭游泳，在裡頭歡笑，在裡頭相愛 / 清除床單上令人困窘的污漬，沒錯 / 招待來訪的親人，把三明治化作一場盛宴。

— Tom Waits，〈Step Right Up〉

這本書應該是個小玩意兒⋯一本小冊子，真的。

我開始撰寫這本書，說明我稱之為 **故事對照**（*story mapping*）的簡單實務。我跟許多同儕建造了簡單的 **故事地圖**（*story map*），幫助我們與其他人協同合作，並且想像產品的使用經驗。

> **故事對照讓我們聚焦在使用者及其經驗上，**
> **促成更好的對話，最後建造出更棒的產品。**

建造故事地圖是非常容易的。與其他人一起工作時，我會述說產品的故事，由左至右使用便利貼，寫下使用者在故事裡會採取的每個大步驟，接著，我們會回頭談談每個步驟的細節，並利用便利貼寫下每個步驟的細節，然後將它們沿垂直方向放在每個步驟下面，最後得到一個簡單的

格狀結構，從左到右地描述故事，並且由上而下地拆解成多個細節，既有趣又迅速。對敏捷開發專案來說，這些細節清楚地描述了故事的待處理項目。

撰寫關於這個主題的書籍能有多複雜？

然而，事實證明，簡單的事情也可能變得相當複雜。我花了許多篇幅，說明你為什麼會想要建立故事地圖，建造故事地圖時會發生什麼事，以及故事地圖的各種運用方式。這項工作的實踐確實超出我的想像。

如果你正在使用敏捷開發流程，你可能會以使用者故事填寫待處理項目（backlog）。我原本以為，因為使用者故事是很平常的實務，在這本書中描寫它們對我來說應該是浪費時間，但我錯了。在 Kent Beck 提出這個詞彙之後，十多年來，使用者故事變得比以前任何時候都更普遍，更受歡迎——但也更嚴重地被誤解及誤用，這讓我很難過，更且，它抹煞了我們從故事對照所得到的一切好處。

因此，在這本書裡，我想要盡可能匡正一些錯誤觀念——關於使用者故事本身，以及它們在敏捷與精實軟體開發（Agile and Lean software development）中被使用的方式。因此，我在前面引用 Tom Waits 的歌詞，將這件事比喻為「把三明治化作一場盛宴」。

為什麼是我？

我喜歡製造東西，動機是從中獲得快樂：我建立軟體，看見人們使用它並且受益於它。我是一個篤信勉強不會有幸福的方法論者，我發現我必須瞭解流程與方法如何運作，才能夠將它們掌握得更好。在經歷二十餘載的軟體開發生涯之後，我現在才在學習如何教導他人，告訴別人我的經驗，而且，我明白我所教授的內容仍是一個變動的目標（moving target），我的認知每個禮拜都在改變，詮釋它的最佳方式也幾乎以相同的速度在變動，這一切讓我在近幾年來遲遲不敢動筆撰寫這本書。

然而，是時候了。

使用者故事與故事地圖是很棒的觀念，許多人從中受益，讓日子過得更輕鬆，讓建造的產品更美好，然而，在某些人過得更好的同時，卻有更多人對這些觀念比以前都還要掙扎。我想要幫忙終止這個困局。

這本書是我可以提供的一點協助，如果它能夠做出貢獻，甚至只是對一些人，都會讓我感到歡欣鼓舞。我會好好慶祝。

如果你對使用者故事仍感不解，這本書正是為你而寫的

因為許多組織皆已採用敏捷與精實流程（Agile and Lean processes），以及它們所伴隨的使用者故事，你可能掉進一或多個因為誤解故事而造成的陷阱，就像這樣：

- 因為使用者故事讓你聚焦在建造小東西上，很容易看不見整體圖像（*big picture*），最後經常得到一種「科學怪人產品」，在當中，每個產品使用者都會清楚地看到它是由一些不相配的零件拼裝而成的。

- 當你建造有點規模的產品時，一個小東西接著一個小東西地建造，會讓人們搞不清楚何時將結束，或者你究竟要交付什麼產品。如果你是建造者，同樣也會感到很疑惑。

- 因為使用者故事關乎對話，人們利用這個觀念避免寫下任何事情，接著，他們忘記自己在對話過程中討論及同意什麼。

- 因為好的使用者故事應該有驗收標準（acceptance criteria），我們聚焦於撰寫驗收標準，但對於需要建造什麼還是沒有共同的瞭解，結果，團隊未能在時限內完成他們計畫的工作。

- 因為好的使用者故事應該從使用者的觀點來撰寫，而且有很多部分是使用者看不到的，團隊成員會辯稱，「我們的產品沒有使用者，所以使用者故事在這裡不會發揮效用。」

如果你已經落入任何一個陷阱，我會試著在第一時間就釐清造成那些陷阱的誤解。你將學習如何思考整體圖像，如何以綜觀全局與鉅細靡遺的方式進行計畫與估計，如何針對使用者試圖達成的目標進行建設性的對話，以及好軟體需要做什麼才能夠幫助使用者。

誰應該讀這本書？

當然，你應該讀這本書，尤其是如果你已經買了。我個人認為你的投資是明智的。如果你只是借閱這本書，現在就應該自己訂一本，並且在收到新書時，把借閱的那本給還了。

無論如何，這本書值得擔任特定角色的從業人員好好閱讀，並且一定能夠從中獲益：

- 商用產品公司的產品經理與使用者經驗設計師應該閱讀這本書，以消除在思考整體產品與操作體驗之間的鴻溝，以及在思考戰略計畫與待處理項目之間的裂隙。如果你一直卡在你所想像的遠景與團隊能夠建造的細節之間，故事地圖絕對有幫助。如果你一直在費盡心思幫助其他人想像產品的操作體驗，故事地圖確實能夠幫上忙。如果你一直在奮力釐清如何整合良好的操作體驗與產品設計實務，這本書必然可以幫助你一臂之力。假如你一直在設法整合精實創業風格（Lean Startup–style）的實驗，這本書無疑是你的絕佳幫手。

- IT 產業的產品負責人、商業分析師與專案經理應該閱讀這本書，以幫助內部使用者、利害關係人與開發者跨越彼此之間的隔閡。如果你一直在掙扎如何讓公司的眾多利害關係人達成共識，故事地圖一定能夠幫上忙。如果你一直在努力幫助開發者看見整體圖像，故事地圖也必然能夠發揮效用。

- 肩負著提升個人與團隊之責任的敏捷與精實流程指導員應該閱讀這本書，並且，在閱讀過程中，好好想想你的組織對使用者故事有多少誤解。運用這本書描述的使用者故事、簡單練習及實務經驗，幫助你的團隊提升到更高的層次。

- 所有其他人。使用敏捷流程時，我們經常指望產品負責人與商業分析師掌握大多數與使用者故事有關的工作。然而，有效運用使用者故事需要每個人都具備一定的基本功，當人們不瞭解相關基礎知識時，你會聽到一些抱怨：「使用者故事寫得不好」、「它們太龐大」，或者「缺乏足夠細節」…等，這本書會有幫助，但不是以你認為的方式。你和所有其他人都將學到，使用者故事不是為了寫出更清楚的需求（requirements），而是為了組織及進行更好的對話（conversations）。這本書會讓你明白應該進行何種對話，以便獲得需要的資訊。

我希望你屬於以上描述的一或多個群組，如果不是的話，就將這本書送給需要的人吧。

如果是的話，讓我們開始探索吧。

本書慣用體裁

我料想這不是你唯一讀過的軟體開發書籍，所以不應該有什麼東西令你驚訝不已。

每一章裡的大小標題可以引導你探索該主題

利用它們找到方向，或者即刻略過你不感興趣的題材。

<blockquote>
關鍵重點會以這種格式呈現，請想像我比其他文字更大聲地朗誦這類文字。
</blockquote>

如果你正在快速瀏覽這些關鍵重點，假如你喜歡它們，或者感覺上不是那麼簡單直白，請閱讀前後段落，應該就會更清楚些。

附帶說明區塊（sidebar）被用來描述：

- 有趣但非關鍵性的觀念。這些應該是好玩的花絮，至少我希望如此。
- 特定實務的要訣。你應該能夠利用這些要訣，幫忙展開特定實務操作。
- 其他人貢獻的故事和範例。你應該從這些材料中汲取一些好觀念，並且試著應用在你的組織中。

這本書被組織成幾個部分，你可以一次閱讀一個部分，或者運用幾個特定部分，幫助你找出解決當前所面臨之挑戰的具體想法。

本書組織

前陣子，我新買了一台彩色雷射印表機，打開包裝，印表機上面有一本小冊子，上頭用紅色字母寫著 "Read This First"（請先讀我），我心裡想，「我真的應該先讀這本小冊子嗎？」因為我通常不那麼做，但是，還好我有先讀，因為裡頭好多地方都有塑膠保護件，確保印表機在運送期間安全無虞，而且，如果在插上電源之前，沒有先移除它們，可能會損傷印表機。

這個故事聽起來好像有點離題，實則不然。

這本書包含「請先讀我」的章節，介紹我將在整本書裡使用的兩個關鍵概念與相關詞彙，在進入正題以前，希望你將那些概念深植腦海，如果你在瞭解它們之前，逕自探索使用者故事對照，我就不敢保證你的安全。

使用者故事對照的整體概廓

第 1～4 章將以高階觀點介紹故事對照，如果你已經運用使用者故事一段時間，並且嘗試過故事地圖，這個部分應該會提供足以讓你即刻出發的知識。

第 5 章提供一個很棒的練習，幫助你學習用來建立良好故事地圖的核心觀念。跟你的團隊一起試試，每個參加者都能夠獲益良多，而且我保證，他們為你的產品所建立的故事地圖稍後必能產生更好的成果。

徹底瞭解使用者故事

第 6～12 章說明使用者故事的箇中奧妙，實際運作，以及如何將它們運用在敏捷與精實專案中。故事地圖裡有許多能夠用來驅動日常開發的小故事，即使你是一位敏捷開發老手，相信我，你一定會學到一些關於使用者故事的新知識；如果你對使用者故事不熟悉，我保證，你必然會學到足夠的知識，讓辦公室裡自認為對敏捷開發瞭若指掌的人們感到驚訝不已。

更好的待處理項目

第 13 ～ 15 章深入使用者故事的生命週期，我將探討幫助你運用使用者故事與故事地圖的具體實務，從機會（opportunities）開始，一直到識別出待處理項目（backlog，內含描述可行產品（viable product）的各個使用者故事）的發掘工作（discovery）。你將瞭解故事地圖與諸多其他實務如何幫助你穩當地走過產品開發的每一個步驟。

更好的建造

第 16 ～ 18 章進一步深入，策略性地運用使用者故事，一個迭代接著一個迭代（iteration）或者一個衝刺接著一個衝刺（sprint）。你將學習如何準備使用者故事，在建造它們時，全心關注，確實進行，並且從即將轉變成有效軟體的每個使用者故事中學習一些東西。

我發現，許多軟體開發書籍的最後幾章都是廢話，通常可以忽略，可惜，這本書沒有那種章節，你必須通讀全書，我只能安慰你，每一章保證都能夠讓你學到一些可應用在工作上的有用知識。

讓我們開始吧。

請先讀我

本書沒有簡介。

是的,你沒看錯。你現在可能在想,「Jeff 的書為何沒有簡介?他是忘了嗎?經過這些年他的腦袋開始退化了?還是被狗狗啃掉了?」

不,我沒忘記要撰寫簡介,我也還沒開始老化,至少我不這麼認為,而且,我的狗狗也沒吃掉它(雖然我女兒的天竺鼠有點可疑),純粹是因為,我一直認為許多作者花太多時間說服我應該讀他們的書,那些書籍的簡介裡充斥著這類話語,大多數書籍直到第 3 章才開始端上真材實料,我通常跳過簡介,而且我相信,絕對不只我這麼做。

事實上,這本書就從這裡開始。

你不可以略過這個章節,因為它真的是最重要的部分。事實上,如果你只從這本書學到兩個重點,我也會感到欣慰,而且,那兩個重點就在這個章節裡:

- 採用使用者故事的目標不是為了寫出更好的使用者故事。
- 產品開發的目標不是為了製造產品。

請容我解釋。

電話遊戲

我相信,你還記得小時候玩的「電話遊戲」(telephone game),在當中,你以耳語的方式告訴某人某事,他再低聲將這個訊息傳達給另一個人,

直到最後一個人說出完全被弄擰的資訊，每個人就笑得不可開支。到今天，我們家還圍著餐桌玩這個遊戲呢。各位家長請注意：這個遊戲是吸引孩子們的好活動，避免他們對大人的晚餐對話感到百般無聊。

在成人的世界裡，我們持續沉浸在這個遊戲裡——只是沒有彼此竊竊私語，我們撰寫冗長的文件，建立看起來非常正式的簡報，將這些文件和簡報交給某人，他再從中擷取出完全不同於我們意圖傳達的訊息，並且使用這些文件創造出更多文件，再交給其他人，然而，跟小孩子玩遊戲不同，最後我們都笑不出來。

當人們閱讀書寫型式的「指示」（instruction）時，會以不同的方式詮釋它，如果你覺得這有點不可思議（畢竟白紙黑字！），那就來看幾個「指示」完全被搞錯的例子。

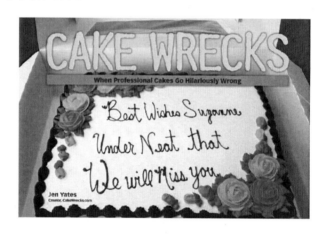

這是 Jen Yates 所著的《*Cake Wrecks*》（Andrews McMeel Publishing）一書的封面[譯註]（感謝 Jen 與 John Yates 提供），這本書源自於 Jen 所建立的有趣網站，*cakewrecks.com*（蛋糕殘骸）。假如你沒有至少一小時的時間可浪費，請勿隨意參訪該網站。該網站展示一些裝飾奇特、趣味橫生的蛋糕照片——這些蛋糕迥異於傳統，並且包含許多令人莞爾的趣事。現在，在該網站與書籍中一再出現的主題之一是遭到曲解的「需求」（requirements），不過，她當然不稱它們為需求，因為那是一種書呆子

[譯註] 在這張照片中，"Under Neat that" 是 "Underneath that"（在那下面）的誤植，亦即，客人要蛋糕店在第一行下面寫下 "We will miss you"，但蛋糕師傅卻如實地將 "Underneath that" 也寫出來，而且還拼錯。不過，拼錯也好，否則，"Underneath that, We will miss you!" 不知是否會讓人引發更多不當的聯想。

用語，她管它們叫作**按字面意義解讀**（*literals*），因為讀者們會直白地理解被寫下的蛋糕題字。在看這些照片時，我能夠想像某個店員正在傾聽並且記下客人需要的蛋糕題字，接著把它交給另一個負責裝飾蛋糕的師傅。

客人：你好，我要訂蛋糕。

店員：好的，你想要在上面寫什麼？

客人：可以在上面寫下紫色（purple）的 "So long, Alicia"（再見，艾麗西亞）嗎？

店員：當然可以。

客人：周圍再加一些星星（stars）好嗎？

店員：沒問題，已經記下來了，馬上交給我們的蛋糕裝飾師傅，明天早上就可以拿了。

這是最後的結果：

下面是另一個好笑的例子^[譯註]。在軟體開發中，我們稱這些為**非功能性需求**（*nonfunctional requirements*）：

這些都是很有趣的例子，而且，浪費 20 美元在蛋糕上，實在無傷大雅，我們多能一笑置之，但有時候，其中的利害關係可不僅如此。

你可能聽過價值 1.25 億美元的 NASA 火星氣候探測者號（NASA Mars Climate Orbiter）在 1999 年發生的事故¹，嗯，或許你沒聽過，不過，關鍵如下，NASA 的專案經常被淹沒在大量的需求與說明文件中。然而，儘管檔案櫃裡滿是需求與說明文件，探測者號還是墜毀，因為 NASA 使用公制單位進行量度，而 Lockheed Martin 的工程團隊針對火箭推進器的導航指揮系統使用的卻是英制單位。雖然沒有人確切知道探測者號最終到哪兒去，但某些人認為它已經越過火星，在某處愉快地繞著太陽運行。

諷刺的是，我們把相關資訊寫下來，企圖更清楚地傳達並且避免誤解，卻往往事與願違。

分享文件不代表分享共識。

1　有許多文章試圖描述火星氣候探測者號出了什麼問題，其中一篇為：*http://www.cnn.com/TECH/space/9909/30/mars.metric.02/*。

[譯註]　在這張照片中，"Nuts Allergy" 意指「對堅果過敏」。

稍停一下，把這句話記下來，寫在便利貼上，並且放進你的口袋。可以考慮將它刺在身體某處，以便在早上準備開始工作時看到它。當你讀到這句話時，它會提醒你我現在正在述說的故事。

共識（*shared understanding*，或共同的理解）是指我們瞭解彼此在想什麼及為什麼。很明顯地，在蛋糕裝飾師傅與以書面形式提供題字資訊的人之間並沒有共識。另外，在 NASA，某個重要人物與負責制導系統（guidance system）的其他人之間也缺乏共識。我相信，如果你已經從事軟體開發一段時間，必然對這種情況印象深刻：兩個人相信他們對於要為軟體增加什麼功能意見一致，但稍後卻發現彼此的想像存在著極大的落差。

建立共識是具破壞性的單純化？

我的前同事，Luke Barrett，最早以漫畫描繪這個問題，我問他最初在哪裡看到這個想法，但他不記得了，因此，這份榮耀只能歸於某個地方的某個人。有好幾年的時間，我看到 Luke 以投影片的方式逐步說明這個四格漫畫，但我當時只是覺得有趣，而沒有特別重視，顯然，我是一個呆瓜，我花了好幾年的時間才瞭解，這個漫畫描繪出在軟體開發中運用使用者故事的最大關鍵。

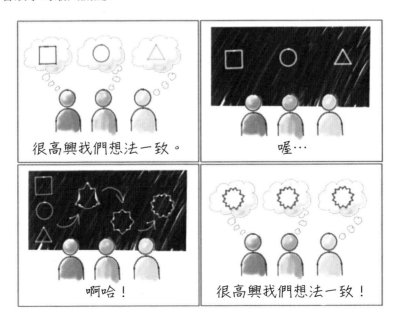

觀念是，如果我的心裡有某個想法並以書面形式描述它，在你閱讀那份文件時，你想的跟我講的很可能不一樣。我們甚至會詢問每個人，「你們都同意這裡所寫的東西嗎？」，大家可能都說，「是的！是的！」。

然而，如果我們聚在一起交談，你可以告訴我想法，我能夠詢問你問題，如果可以透過畫圖，或者使用索引卡或便利貼組織想法，具體呈現我們的思維，溝通就會更順暢。如果允許彼此花時間用文字與圖像來解釋想法，我們就能夠順利地建立共識。不過，這通常發生在我們發現彼此對事情具有不同的理解時，真是糟糕，但至少我們現在明白這一點。

這無關於某人是對或錯，而是我們全都看到不同且重要的面向。透過結合及精煉不同的想法，我們最終能夠得到涵蓋所有最佳想法的共同理解。這就是將我們的想法具象化為何如此重要的原因。我們可以重新繪製草圖或者四處移動便利貼，最酷的是，我們真的在四處移動我們的想法，真的在逐步演進我們的共識，那是單靠文字幾乎不可能達成的任務。

在離開這個對話時，我們可能還是在處理相同的功能或強化，然而，我們現在真正達成共識，我們感覺認知一致，並且深信大家正一同向前行。那就是我們勉力設法獲得的結果。很遺憾地，那是無形的東西，你看不到也摸不著「共識」，但是你能夠感受它。

別再試圖撰寫完美文件

很多人相信有某種理想方式可用來準備文件——當人們閱讀文件並且得到不同理解時，不是閱讀者的錯誤，就是撰寫者的失敗。其實，以上皆非。

答案就是停止做傻事。

別再試圖撰寫完美的文件。

繼續撰寫資訊，任何資訊，然後透過文字與圖像，利用有效溝通來建立共識。

> 運用使用者故事的真正目標是達成共識。

敏捷開發的使用者故事得名於它們應該如何被使用，而不是你們寫下什麼資訊。如果你們在開發過程中運用使用者故事，但沒有利用文字與圖像一起進行對話，那麼，你們的做法是有問題的。

如果你閱讀這本書的目標是為了學習如何撰寫更好的使用者故事，你顯然搞錯方向了。

好文件就像度假照片

如果我讓你看我的度假照片之一，你可能看到我們家的小朋友在沙灘上，並且禮貌性地說，「哇，真可愛」，然而，當我觀看我的度假照片時，我會回憶起夏威夷某個特別的海灘，我們得開著四輪傳動的車子，花一個多小時，在荒野小路上留下極深的車轍，接著再花半小時走在熔岩地形上，才能到達那個沙灘。我記得孩子們在碎碎念，抱怨沒有什麼海灘值得這麼大費周章，連我自己都這麼想。但事實證明，一切辛勞全都值得，我們在天堂般的無人海灘上，度過了幸福的一天，那正是我們花了那麼多工夫設法到達那裡的原因。海龜現身沙岸，悠閒地曬著太陽，為那個美麗的日子增添幾許慵懶。

當然,單看這張照片,你不會瞭解這一切,因為你並未在場,而我記得每一個細節,因為我身歷其境。

不論好壞,這就是文件資料實際的運作模式。

如果你參與大量關於要建造什麼軟體的討論,然後建立文件釐清它,你可能與另一個參與者分享它,你們兩人可能都同意它是不錯的,但記住,你們的共識中有許多細節並未被描述在文件裡,另一個未親身參與討論的讀者不會從中得到跟你們一樣的認知,即使他說已經充分瞭解,你也不要相信。大家聚在一起,使用該文件述說蘊涵於其中的故事,就像我使用度假照片向你描繪我的故事那樣。

文件幫助記憶

我聽過人們開玩笑地說,「採取敏捷流程是因為我們已經停止撰寫文件」,明白人都知道這只是一句玩笑話,因為故事驅動的流程需要許多文件才能夠運作,但那些文件看起來完全不像傳統的需求文件(requirements document)。

我們需要對話、畫草圖與撰寫文字,並且使用便利貼或索引卡,我們必須將這些文件帶進對話裡,使用螢光筆標示它,利用註解說明它,整個過程充滿互動與能量。如果你們只是坐在會議桌旁,由某個人將你們所說的話鍵入故事管理系統中,你們可能錯失真正的核心精神。

當你在述說故事時,任何東西大都能夠被用來作為溝通的工具,而且,隨著我們講述這些故事,撰寫大量註解及描繪許多圖片,我們必須將它們保存下來。我們隨身攜帶並且檢視它們,為它們拍下照片,並且重新輸入成為更多文件。

但記住，最重要的事情不是什麼被寫下來——而是當我們閱讀它時會記得什麼，就像度假照片那樣。

對話、畫草圖、撰寫文字、使用便利貼和索引卡，然後將你們的成果拍成照片，甚至，將你們透過白板進行溝通的過程全程錄影。你們會非常深刻地記住許多細節，那是單單文件絕不可能辦到的。

為了幫助記憶，
將你們的對話用照片或影片記錄下來。

談談對的事

許多人相信他們的工作是收集與傳達需求，實則不然。

事實上，你的工作是改變世界。

是的，我這麼說是為了吸引你的注意，而且，沒錯，我知道這聽起來蠻誇張的，那是因為這句話通常與世界和平、消弭貧窮，或甚至讓政治人物意見一致（遙不可及的目標）相關聯，但我是認真的，你為產品解決方案所提出的每一個絕妙想法皆以某種程度改變這個世界，影響使用該產品的人們。事實上，如果沒有這樣的話，你就失敗了。

現在和以後

有一種改變世界的簡單模型是我個人愛用並且總是謹記於心的，當你在進行故事對話及建立共識時，你也必須將它深植於腦海裡。

我將該模型繪製如下：

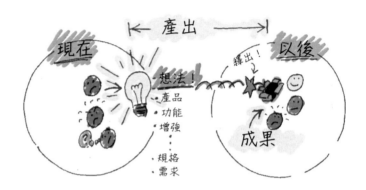

該模型從檢視這個世界的現況開始，當你這麼做時，你會發現人們不爽、困惑、火大或沮喪，但天地何其大，因此，我們把焦點聚集在我們所製作之軟體的使用者身上，或者我們希望將使用該軟體的人們。當你檢視他們在做什麼時——以及他們使用的工具和他們是怎麼做的——你會產生一些想法，這些想法可能是針對：

- 你能夠建造的全新產品
- 增添到既有產品的功能
- 已建造之產品的增強（enhancement）

在某個時點，你必須將你的想法細節傳達給其他人，你可能開始撰寫一些設計（design）和規格（specification），如果你打算將這些東西交給其他人，你可能會將所有這些細節稱作你的需求（*requirements*），但切記，需求只是「能夠幫助人們的想法」的別稱。

鑑於那些需求，我們經歷最終促成產品交付的某個流程，建立實際運作的軟體，並在以後對世界產生實質的影響。我們希望原本不開心、困惑、火大或沮喪的人們在我們的軟體面世時能夠變得輕鬆愉快。他們現

在不開心是因為缺乏可用的軟體，或者既有的軟體根本不適用。在使用你所建造的軟體、網站、行動 app 或任何東西之後，他們會以不同的、更好的方式處理事情——這就是讓他們變開心的關鍵。

事實上，你無法總是讓每個人都滿意。你的母親早該告訴你這個道理。有些人會比其他人更滿意你的產品，有些人可能還是不開心，無論你多麼努力、或是你的產品多麼讓人感到驚艷。

軟體不是重點

我們把從想法（idea）與交付物（delivery）之間所建造的東西，稱作產出（output），那是我們建立的東西。敏捷軟體開發會刻意量測產出的速度（velocity），並且試圖增加它們的產出速率。因為人們正在建造軟體，他們當然會在意建造物的成本與完成速度，理應如此。

雖然產出是必要元素，但產出不是真正的重點；我們真正想要的是成果（outcome），產出只是其附帶物。成果也可說是事情最後的成品，直到最後成果或成品被完成前，我們很難衡量成果是否達到效益。我們衡量的是你建造的東西對人們達成目標的方式產生什麼影響，而最重要的是，你是否讓他們的生活變得更加美好[2]。

就是這樣，你改變了世界。

你已經為世界做出貢獻，改變人們達成目標的方式，而且，當人們運用你的產品時，世界也因為它們而改變。

切記，你的目標不只是打造新產品或新功能，當你針對這個產品或功能進行對話時，你會談到它是針對誰、這些人目前在做什麼，以及事情之後會如何因為它而改變。之後的正向改變才是他們想要它的真正原因。

> 良好的故事對話關係到人與為什麼，
> 而不只是故事內容。

2　Robert Fabricant 在〈Behavior Is Our Medium〉（*http://vimeo.com/3730382*）的談話中對產出（*output*）與成果（*outcome*）這兩個詞彙做了清楚的區分，在那之前，我對這兩個術語感到混淆，其他人也一樣，很高興，Robert 的頭腦相當清楚。

好吧，不只關乎人

我跟其他人一樣關心人們，但是說實話，那不止關乎讓人們感到開心。如果公司付你跟其他人薪水，你們必須聚焦在最終能夠幫公司賺更多錢、保護或擴展市場、或讓公司高效營運的事情上，因為，若是公司不健全，你們就不會有資源（或工作），而能夠幫助任何人。

因此，我必須稍微修正這個模型。它實際上從檢視你的組織內部開始，在那裡，你甚至會找到更多不快樂的人，而且，這通常是因為企業的運作不符合他們的期望。為了修正這個問題，他們可能會想要聚焦在特定客戶或使用者身上，並且建立或改善他們正在使用的軟體產品。事實上，其中的牽連是相當深遠的，因為：

> 你的公司無法得到它想要的東西，
> 除非客戶與使用者得到他們想要的東西。

透過選擇要聚焦的人們，要解決的問題，以及能夠轉換成有效軟體的想法，這個流程繼續走，並且，從那裡開始——假如客戶購買，使用者使用，而且人們開心——贊助這項開發的企業最終會看到它所追尋的利益，那會完全反映在增加的營收、較低的營運成本、更愉快的客戶，或擴大的市占率上。這會讓公司裡的許多人感到開心，也會讓你覺得快樂，因為你幫助公司保持健全，同時在過程中讓人們生活得更好，營造出雙贏的局面。

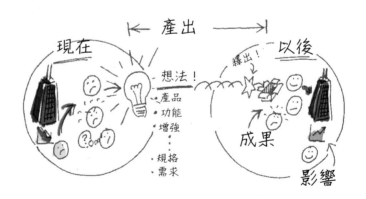

那是較長期的東西，發生在良好成果出現之後，我稱之為影響（*impact*）。成果通常是交付之後立刻能夠觀察的東西，影響則需要比較長的時間才能釐清。

建造較少東西

關於軟體世界，有一個令人相當不舒服的事實，我懷疑它在諸多其他地方也存在。不過，我瞭解軟體，我明白：

> 我們要建造的東西總是超過我們擁有的時間
> 或資源——屢試不爽。

軟體開發的常見誤解之一就是我們試圖更迅速地得到更多產出，因為，假如有太多事情要做，更快速地進行會有幫助，對吧？然而，如果你把遊戲規則弄清楚，就會瞭解，你的任務不是要建造較多東西，而是要建造較少東西。

> 讓產出最小化，讓成果與影響最大化。

到頭來，你的任務是讓產出最小化，並且讓成果與影響最大化。訣竅在於，你必須密切注意你試圖為他們解決問題的人們，包括選擇購買你的軟體來解決其組織問題的人（選擇者），以及使用它的人（使用者）。有時候，他們是同一批人，有時不是。

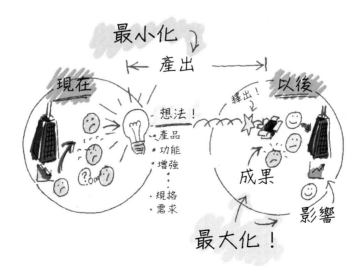

你的企業有許多能夠聚焦的潛在使用者與客戶，你的企業策略應該指導你要聚焦在誰身上，才能夠得到你想要的影響。我敢保證，沒有任何企業具有足夠的資源讓每個人都滿意——那是不可能的事情。

別誤會，更迅速地建造更多軟體總是好主意，然而，那永遠解決不了問題。

關於需求

在我的軟體生涯裡，幾乎整整前十年，我為傳產零售商打造軟體，我僥倖避開需求（requirements）這個詞彙——至少，不太用。對我當時所做的事情來說，那並不是一個重要的術語。我擁有許多不同的客戶，全都對於什麼能夠幫助他們抱持著具體的想法，我也知道我所效命的公司必須靠販售我的產品來賺錢。事實上，我花了很多時間參加商展，幫助公司把它的產品販售給各種客戶，最後，我明白，在將我與團隊開發的產品交付出去之後，我必須繼續跟客戶合作，所以，我勤勉工作，盡力為他們爭取最大利益。那意味著，我其實無法提供每個人他們想要的東西，因為每個人想要的都不一樣，且公司與團隊的時間和資源有限，因此我必須努力釐清讓各方人馬均能滿意的最低限度，這聽起來或許有點讓人挫折，但其實這部分還蠻有趣的。

隨著公司成長，我們增加更多的傳統軟體人力，某一天，另一個團隊的領導者跑來跟我說，「Jeff，我需要你們針對正在進行的產品做這些改變。」

我說，「好的，沒問題，告訴我這些改變是針對誰，並且為他們解決什麼問題。」

她回答，「這些是需求。」

我說，「我知道，但請說明一下它們是針對誰，這些人如何利用這些改變，以及這些改變如何影響他們的工作。」

她看著我，就好像我是白癡一樣，並且十分肯定地再告訴我一次，「這些是需求。」

就在那個時候，我明白需求這個字實際上的意思就是閉嘴。

對許多人來說，那正是需求的功用，它們阻止我們針對人們以及要解決的問題進行對話。事實上，即使你只針對一小部分需求進行建造，仍然可以讓人們感到非常愉快[3]。

記住：說到底，你的任務不是實現需求，而是改變世界。

總結

如果你沒能從這本書獲得其他利益，請至少記住這些事情：

- 使用者故事不是需求的書面形式；利用文字與圖像，透過協同合作述說故事是建立共識的有效機制。

- 使用者故事不是需求；而是為我們的組織、客戶、和使用者解決問題的相關討論，產生關於要建造什麼的共識。

- 你的任務不是更迅速地建造更多軟體：而是最大化從你選擇建造的東西中得到的成果與影響。

使用者故事意在提供完全不同的機制，讓我們思考協同建立軟體時所面臨的挑戰——以及許多其他相關事宜。如果你們能夠有效率地協同合作，建立真正可以解決問題的產品，你們將征服世界，或至少在市場上佔有一席之地。

當你閱讀這本書時，希望你回歸到使用者故事的基礎。我期盼你跟其他人協同合作，述說關於使用者與客戶以及你們如何幫助他們的故事，我希望你繪圖並且建立大型的便利貼模型，我期望你感受到整個團隊全心參與並且充滿創造性，我冀望你感覺到自己正在創造新氣象，因為當你正確運用使用者故事時，必定會有一番作為，而且，一切也會變得更有趣。

現在，讓我們來談談關於使用者故事以及故事對照的箇中奧妙。

3　因為我非常同意這個觀點，所以在此重申 Kent Beck 於《*Extreme Programming Explained*》（Addison-Wesley）中對需求一詞被誤用所提出的警告。

第一章

整體圖像

「我愛敏捷開發！每隔幾週，我們看到更有效運作的軟體，但感覺上，我好像失去了整體圖像。」

如果每次聽到敏捷開發團隊的成員提出上述疑慮時，我都能夠掙得幾毛錢的話，那麼，我很快就發了。我經常聽到這樣的質疑，你也可能曾經說過這樣的話。嗯，好消息是，使用敏捷流程與使用者故事驅動的方法並不代表你必須犧牲整體圖像（big picture，或整體概觀），你還是可以健康地討論整體產品，並且每隔幾週仍然能夠看到一些進展。

因為你已經耐心看過「請先讀我」一章，我將略過使用者故事的旁支末節，直接探索故事地圖（story map）如何解決敏捷開發的最大問題之一，如果你已經熟悉如何在敏捷專案中撰寫使用者故事，這一章可能足以讓你有一個好的開始。

敏捷開發

如果你正在閱讀這本書，你可能知道故事對照（story mapping）是操作使用者故事的方法，就像使用者故事在敏捷流程裡被運用那樣。現在，所有與敏捷開發有關的其他書籍都在重述 "Manifesto for Agile Software Development"（敏捷軟體開發宣言 [譯註]）的精神，該宣言於 2001 年由 17 位專業人士撰寫而成（這些人對於當時一些嚴重違反生產力的流程趨勢感到十分沮喪）。我很高興他們寫下這段宣言，並且影響了這麼多人。

[譯註] 請參閱 *http://zh.wikipedia.org/wiki/* 敏捷軟體開發，以及 *http://agilemanifesto.org/iso/ zhcht/*。

很抱歉要讓你失望——我不將重申該宣言的精神，也不會滔滔不絕地說明它為何重要。我相信你已經知道它是怎麼回事，而且，假如你沒讀過該宣言，那麼，你應該先去看一看。

在該宣言於本章中原本會佔據的篇幅裡，我改放一張有趣的小貓咪照片[1]，為什麼？因為，經過無數次的證明，在網路上，「口愛」的小貓咪照片永遠比任何宣言更能夠吸引廣大的注意。

你可能在想，這隻小貓咪與敏捷開發有什麼關係？事實上，沒有關係，不過，敏捷開發確實與這本書，使用者故事，和故事對照的演進有一些關係。

< 在這裡插入一段懷舊音樂吧…>

2000 年時，我正效命於舊金山的一家新創公司，該公司已經聘雇 Kent Beck 擔任軟體開發流程的顧問（Kent 創造極限編程，並且首先提出使用者故事的觀念）。我現在試著回溯使用者故事，但重點是，這是 Kent 早就提出的觀念，如果你才剛開始採用使用者故事，你已經晚了十來年，缺乏早期採用者具備的優勢。Kent 與其他極限編程的先鋒們瞭解，過去所有的需求收集方法都運作得不太好，他的想法是，我們應該聚在一起述說使用者故事；透過對話，我們能夠建立共識，一同找出更理想的解決方案。

1　照片拍攝：Piutus，照片來源：Flickr（*https://flic.kr/p/4PifQX*），以 Creative Common Attribution 形式授權。

說故事，不是寫故事

我必須承認，第一次聽到使用者故事這個詞彙時，它確實困擾著我。這種想法似乎有點怪——透過稱它們為故事，我們將人們想要的重要事項變平凡。不過，我是個遲鈍的學習者，我花了好些時間，才真正瞭解這裡的重點（先前在討論「共識」時有提到）：

> 使用者故事得名於它們應該如何被使用，
> 而不是什麼應該被寫下來。

在真正理解使用者故事為何那樣命名之後，我便瞭解我能夠在便利貼或索引卡上撰寫一堆故事（句子或簡短的標題），四處移動它們，排定優先性（prioritize），判斷何者比較重要，一旦決定，就可以開始進行它的相關討論。這是很棒的。我以前怎麼不曾像這樣在索引卡上寫下故事並且組織它們呢？

問題在於，這一張卡片可能是軟體開發者只要花幾小時就能夠增添到產品裡的某個東西，或者幾天，幾星期，甚至一個月——誰曉得？我也不曉得——至少到我們開始討論它時才會有點眉目。

當我在第一個敏捷專案中開始運用使用者故事時，我陷入了不可開交的論辯，當時，我開啟故事對話，並且瞭解我的故事過於龐大。我原本希望在下一個迭代（iteration）中完成這個故事，但開發者們告訴我事情不會那樣發展，我覺得我好像搞錯某事，開發者們辨識出我們可以討論並且在下一個迭代中完成的小部分，但是我對於無法討論整體圖像感到相當沮喪，我想要瞭解我真正需要的大事情會花多少時間才能完成。我原本希望這個討論能夠達到那個目的，但事與願違。

述說完整的故事

2001 年，我離開原來的團隊，並且開始以不一樣的方式做事。我和新的團隊嘗試撰寫聚焦於整體圖像的使用者故事，我們努力理解正在打造的產品，並且一同思維量度，權衡折衝，我們使用一堆包含故事標題的索引卡組織我們的想法，將整體圖像分解成接下來能夠建造的小元件。2004 年，我撰寫了我的第一篇關於這個觀念的文章，不過，我當時並未創造出故事對照（story mapping）這個詞彙，直到 2007 年。

事實證明，取名字的確很重要。在賦予這種實務做法一個好名稱之後，我開始看到它廣為流傳，那時，我以為它是一個很棒的發明（invention）——直到我開始碰到更多人在做類似（或完全相同）的事情，其實，我只是發現一個模式（pattern）。

關於模式，我從我的朋友 Linda Rising 那兒聽到這樣的定義：當你把一個絕妙的想法告訴某人時，他說，「是呀，我們也那樣做。」那不是發明，而是模式。

故事對照是一種模式，明智的人運用它來理解整個產品或整個功能，並且將大的使用者故事分解成較小的使用者故事。如果你沒有這樣做，也不要覺得不舒服，你終究會走上這條路，然而，閱讀這本書會幫助你免除幾個星期或幾個月的挫折感。

故事對照是為了在述說大故事時對它進行分解。

今天，越來越多公司採納故事對照的觀念，我的朋友 Martina（服務於 SAP）在 2013 年 9 月傳遞的訊息裡提到：

> …到現在，有超過 120 個 USM（User Story Mapping，使用者故事對照）研習會被正式記錄下來，很多 PO（產品負責人）喜歡極了！這就是 SAP 公認的做法。

每個禮拜，我聽到某個地方的某個人告訴我，故事對照如何幫助他們解決問題。現在，我從與別人的交談中學到更多東西，遠超出我自己能夠辦到的。

使用者故事的原始想法很簡單，它將我們的焦點從共用的文件轉變成共同的理解（shared understanding）。使用者故事的常見用法是建立故事清單，排定優先順序，開始討論它們，然後把它們一個一個轉變成軟體。聽起來相當合理，然而，這會產生一些大問題。

Gary 與
單調待處理項目（flat backlog）的悲劇

幾年前，我遇見 Gary Levitt，他當時是一個正在開發新網路產品的實業家，這個網路產品現在已經問世，叫作 Mad Mimi，在 Gary 構思他的產品時，這個詞彙代表 *music industry marketing interface*（音樂產業行銷介面）的縮寫 [2]。Gary 是一位擁有自己的樂團的音樂家，他管理自己的樂團，並且幫忙管理其他樂團，同時也是一個工作室樂手（studio musician），幫助客戶進行錄音工作。

遇見 Gary 時，Oprah Winfrey show（歐普拉秀）下了一筆訂單給他，要錄製數十個音樂片段，用來處理開場、結尾、及進出廣告等狀況。節目製作人購買那些音樂片段的方式就跟新聞製作者購買圖像剪輯（clip art）沒兩樣，所以那就像是一種音訊剪輯（audio clip art）。Gary 的想法是建立大型應用程式，幫助像他這樣的音樂家與相關人員協同處理當時正在進行的這類專案，並且處理樂團經理與音樂家為了管理及行銷樂團必須做的諸多其他事務。

2　更多關於 Gary 的資訊，請參閱 *Business Insider* 的文章，〈How This Guy Launched A Multi-Million Dollar Startup Without Any VC Money〉（*http://read.bi/UtcIIE*）。

Gary 想要打造這個軟體，所以他與某人合作，而且那個人正以敏捷模式工作。那個人叫 Gary 寫下他想要的項目清單，排定優先順序，接著，他們討論價值最高（最重要）的項目，並且開始建造它們，一次一個。在敏捷流程裡，這個項目清單被稱作待處理項目（backlog）。對 Gary 來說，建立清單並且從最重要的項目開始似乎很合理，所以他就那麼做了。

Gary 建立他的待處理項目，開發團隊開始建構，一次一個，同時，Gary 持續燒錢支付每個建造好的軟體片段。軟體正緩慢成形，但 Gary 知道還要很久才能達到他的願景，而且，在那之前，他的現金應該早就燒光了。

我認識那個正在與 Gary 合作的人，我的朋友知道 Gary 已經筋疲力竭並且想要幫助他，他問我是否能跟 Gary 談談，協助他組織他的想法。我與 Gary 聯繫，並且安排在他位於曼哈頓的辦公室見面。

交談並記錄

我開始和 Gary 交談，並且在他說話時，根據他所提到的要點撰寫卡片。在建立故事地圖（story map）時，我有個口頭禪，我會說 "talk and doc"（交談並記錄，doc 是動詞 document 的簡寫），基本上表示不讓你所說的話人間蒸發，將它們寫在卡片上，以便稍後回頭參照。你會發現，卡片上的一些話語能夠快速協助每個人回想相關對話內容。我們可以在桌面上四處移動及組織它們，當我們指著卡片時，我們開始使用 this 與 that 之類的簡單詞彙，節省許多時間。幫助 Gary 具象化（externalize）他的想法對於建立共識至關重要，而且，在他述說故事的過程中撰寫卡片，對我來說也是很容易的。

> 交談並記錄：在述說故事時，撰寫卡片或便利貼，
> 具象化你們的想法。

一開始，我們將卡片置於桌面上，但空間很快就不夠用。當我拜訪 Gary 時，他正在搬家，很多傢俱與設備都不在位置上，所以，我們把逐漸增加的卡片地圖（map）移到地板上。

最後，地板就成了這副模樣：

思考——撰寫——解釋——放置

在與團隊一起建立故事地圖或討論任何事情時，簡單的視覺化有助於討論的進行。一個常犯的錯誤是，許多想法莫名地人間蒸發了——亦即，我們提到它們，而且人們點頭如搗蒜，好像聽進去了，但那些想法並沒有被寫下來，接著，在稍後的對話中，那些想法再次出現，並且需要重新被解釋，因為人們並未真的聽進去，或者根本已經忘記。

養成習慣，在解釋之前，先稍微寫下你的想法。

1. 如果你正在使用卡片或便利貼，*想法浮現之後*，立刻針對它撰寫幾個字。

2. 一邊指著便利貼或卡片，一邊對其他人*解釋*你的想法，運用明顯的手勢，繪製更多的圖像，好好述說使用者故事。

3. 將卡片或便利貼*放置*在每個人都可以看到的公用空間，讓大家都能夠看見它們，指著它們，增加它們，及四處移動它們。希望你與其他人都能夠源源不斷地貢獻出許多想法。

> 我發現，在專心傾聽他人意見時，他們說的話會引發我的其他想法。以前，我試著將這些想法保存在腦海裡，並且等待時機將它們注入對話中，但如果時間太久，就必須打斷別人，但我瞭解，我早已停止傾聽別人在說什麼，因為我的有限腦力已忙著聚焦於我的絕妙想法。現在，我只是將想法寫在便利貼上，並且把它放在一邊，等待適當時機，再將它插入對話中。不知為何，寫下它讓我不致分心，而能夠專心聆聽別人在說什麼，而且，在稍後閱讀便利貼時，我能夠清楚地回想並且解釋我的想法。

這裡所做的事情並不是為了捕捉 Gary 的需求（requirements），而且，我們討論的第一件事情也不是功能清單（list of features）。我們必須回顧一下，從頭開始。

構思你的想法

我們的第一次對話聚焦在構思或建構（frame）他的產品想法。我們談論他的事業以及他的目標。你為什麼要建造這個軟體？使用者和你會得到什麼好處？它為使用者與你解決什麼問題？讀到這裡時，你可能察覺我所想的就是那個「現在與以後」（now-and-later）模型[譯註]，我試著理解 Gary 正在尋找的成果（outcome），而不是他想要建造的產出（output）。

假如我放置兩張卡片，一張在另一張上面，人們就會假設上面那張比較重要。如果我將一張卡片移到另一張上面，不用說一句話，我已經表明某個關於重要性的資訊。使用目標清單進行試驗，故意以錯誤的順序安排它們，你會看到一起共事的人們會伸出手去調整它們。我曾經對 Gary 和他的目標做過這個試驗，幫助他表達什麼對他比較重要。

[譯註] 請參考〈請先讀我〉一章。

描述你的客戶與使用者

Gary 與我繼續交談及記錄（talk and doc）。我們的下一段對話是關於購買這個軟體的客戶以及使用這個軟體的使用者。我們列出不同類型的使用者，談論他們會獲得什麼好處，並且質問，他們為何會使用這個產品以及他們會用它來做什麼？我們搞了一堆卡片，很自然地，最重要的使用者好像會有比較多卡片。很好玩，未經特意決策，自然而然就出現這樣的結果。

在深入任何細節之前，我已經能夠看見 Gary 的願景十分龐大。關於軟體開發的殘酷現實之一，就是我們要建造的東西總是超出我們擁有的時間或資源，因此，目標絕對不是一網打盡，而是讓我們的建造量減到最小、最精實。因此，我問 Gary 的第一個問題是，「在所有的使用者及他們想要做的事情中，如果我們要聚焦於其中一個使用者，那會是誰？」

Gary 選擇了一個，我們開始實際述說使用者故事。

Mad Mimi 的使用者類型

這些是 Gary 針對 Mad Mimi 所描述的各種使用者類型，命名他們並且稍微寫下他們想要什麼，幫助我們兩個瞭解很多東西，甚至，在討論功能之前，我們已經決定先不針對某些類型的使用者開發軟體。

述說你的使用者的故事

接著，我說，「好，讓我們想像一下相關功能。假設這個產品已經問世，讓我們探討看看某個使用者的一天，並且開始講述故事。首先，他會做這個，做那個等等。」我們從左到右說故事，有時候，我們往回走，將某些東西放在其他東西左邊，由於它們被寫在卡片上，所以很容易重新安排位置。

在操作卡片時，另一件自然發生的有趣事情是，假如我把一張卡片放到左邊，另一張卡片放到右邊，不用說一句話，我就已經表明順序（sequence），這對我來說確實有點神奇——我很驚訝，不需要說任何話，我們就能夠溝通一些事情。

一起重組卡片，讓你們無需說話就能夠溝通。

在交談與記錄時，隨著我寫下對話的內容，我們同時建立真正重要的東西。別誤會，真正重要的不是地板上的那堆卡片，而是**共同的理解**，亦即，我們的共識。Gary 以前不曾跟任何人就他的產品想法做過這樣的探索，至少沒那麼仔細，連他自己都沒有這樣深入思考過，相關要點深植他的腦海，有點像是電影預告片的動作場景。

之前，Gary 已經完成我要求他做的一些事情，他早就寫下一堆故事標題，把它們放進清單中，一次討論一個項目，但那些對話跟要建造什麼的細節比較有關，跟整體圖像比較沒關，而且，Gary 的整體圖像裡存在著許多漏洞。你會發現，不管你對故事多清楚，在進行故事對照時談論它，會幫助你發掘自己的思考漏洞。

故事對照幫助你發掘自己的思考漏洞。

隨著逐漸深入，我們也意識到這個故事不只關係到一個使用者。Gary 從想要行銷樂團的樂團經理開始，並且注意到，樂團經理必須將文宣資料 email 給粉絲。接著，我們很快就必須談論樂團粉絲，並且述說樂團粉絲的故事，例如，收到文宣資料，然後計劃看演出。

接著，如果我們正在某地行銷樂團，我們需要講述場地經理的故事，以及他想要從行銷活動中獲得什麼資訊。這個時候，我們的故事地圖已經碰到牆邊了，所以，我們必須在下一個分層繼續我們的故事，那就是照片裡的故事地圖為何有兩層的原因。

在說故事期間，有時候，Gary 會進入他很熱衷的部分，開始描述大量細節。一張卡片位在另一張上面能夠表明優先順序（priority），但也可以表示**分解**（*decomposition*）。分解只不過表示較大事項的較小細節。在 Gary 描述細節時，我把它們記錄在卡片上，並且放置在大的使用者步驟

（user step）下面，例如，當 Gary 描述如何建立樂團經理要用來行銷音樂會的文宣時，他特別熱衷，並且產生許多要討論的細節。

Gary 住在紐約市，在樂團製作文宣時，他想像這一切就像是那些張貼在紐約街頭的酷炫玩意，它們看起來或許像是用膠水和膠帶拼湊起來再複印過的東西，但有一些真的很優雅並且頗具藝術感。在記錄幾個細節之後，我說，「稍後再回來深入細節，讓我們繼續往前推動這個故事」。很容易就會迷失在細節裡，尤其是在面對你很熱衷的東西時。然而，當我們試著獲取整體圖像時，在捕捉所有細節之前，務必先到達故事的尾端。我在進行故事對照時使用的另一個咒語（至少在這個階段）就是「思考寬度一英里，思考深度一英寸」（think mile wide, inch deep）——對使用公制的人來說，就是「思考寬度一公里，思考深度一公分」。在迷失於細節之前，先到達使用者故事的尾端。

在探索深度之前，先聚焦於使用者故事的寬度。

最後，我們確實到達 Gary 的使用者故事的尾端。樂團經理成功地將音樂會推銷給成千上萬的粉絲，這些粉絲再將訊息散播出去，而且演出非常成功。此時，產品願景在我們兩個人的腦海裡都已經很清晰。我說，「現在，讓我們回頭填補一些細節，並且考慮一些替代選項。」

Mimi 的大故事

如果你去看看 Gary 的故事地圖的頂端，你會看到一些大活動（activity）：

- 註冊
- 變更我的服務
- 觀看我的樂團數據
- 使用我的演出行事曆
- 經營我的觀眾
- 宣傳演出活動
- 登錄樂團的電子郵件名單
- 線上觀看行銷活動

在故事地圖頂端原本還有許多其他大事，但這些是讓你瞭解你會在卡片上寫什麼的好子集（subset）。注意我們如何假設誰在做什麼，當 Gary 說，「宣傳演出活動」，他知道他正在談論樂團經理，當我說，「登錄樂團的電子郵件名單」，Gary 知道我正在談論樂團粉絲。在對話期間，那些卡片就在附近，而且很容易指出來。

「宣傳演出活動」是一件大事，可分解成下列步驟（step），從左至右，就在「宣傳演出活動」卡片的下面。

- 展開活動宣傳。
- 審閱 Mimi 為我建立的活動文宣。
- 客製化活動文宣。
- 預覽我建立的活動文宣。

注意，我們在每一張卡片上寫的都是動詞短語（verb phrase），指明特定類型的使用者想要做什麼，依此方式撰寫卡片，幫助我們講故事：「樂團經理接著會宣傳演出活動，為了那麼做，他會展開活動宣傳，然後審閱 Mimi 建立的活動文宣，然後將它客製化，然後…」。注意，當你在每一張卡片的內容之間加上「然後」時，你就會得到很不錯的故事。

探索細節與選項

釐清故事地圖的寬度之後，開始朝深度發展。我們放在地圖裡頭每一欄頂端的卡片都變成大事情，接著，在它們下面分解出一些細節。我們在使用者故事的每一個步驟停下來，並且詢問：

- 他們會在這裡做什麼具體的事情？
- 他們能夠做什麼替代的事情？
- 什麼會讓它變得很棒？
- 萬一事情出錯的話會如何？

最後，我們回頭填補許多細節。結果，我們述說了關於樂團經理浮生一日的故事，還牽涉到對樂團經理成功與否大有影響的其他人：粉絲和場地經理。

細節

如果你觀看「客製化活動文宣」之類的故事步驟，會看到這樣的細節：

- 上傳圖像
- 附加音訊檔
- 嵌入影片
- 增加文字
- 改變佈局
- 從以前用過的文宣開始

你可以看到，連這些較小的步驟都需要許多的討論，才能夠釐清那些細節，然而，我們至少能夠開始將它們通通列出來。

注意，這些卡片的內容也是一些幫助你說故事的動詞短語。我們可以使用「或者可能」之類的語句將它們串起來，就像這樣：「為了客製化活動文宣，樂團經理可能上傳圖像，或者可能附加音訊檔或嵌入影片，或者…」，確實相當不錯。

我問 Gary，「現在呢？我們還有其他使用者以及他們想要做的其他事情——你想要討論嗎？你可以看到，如果繼續討論下去，我們需要更大的房間，而且，如果你想要一網打盡，恐怕得準備許多銀兩，才能夠打造出這個產品。我們可以討論其他東西，但假如我們就建造這麼多東西，並且順利將它推出，應該也是一個相當有價值的產品。」

Gary 同意，並且說，「就此打住吧。」

這個故事的悲哀部分是，我問 Gary，「先前，你已經建造大量軟體，然而，在你建造的軟體中，有多少部分存在於我們所建立的故事地圖上？」。

「幾乎沒有」，Gary 回答，「因為我當初建立清單並且排定優先順序時，有點以為必須從別的地方開始，我當時在思考整件事情的大願景，而該願景需要耗費幾年的時間才能夠完成。既然已經完成前面的討論，我不會再重蹈覆轍。」

故事對照（story mapping）全然關乎進行良好的老式對話，然後以故事地圖（story map）的形式組織它。大多數人看重的是故事地圖——從左到右包含一個個用來述說大故事的步驟，還有從上到下的各個細節。然而，構思產品並且提供更多上下文（context）的關鍵部分通常是在故事地圖的上方及周圍，它們是產品的目標，以及關於使用者和客戶的資訊。另外，如果你將故事地圖貼在牆上，你會發現，圍繞著故事地圖增加 UI 草圖及其他說明，確實是很不錯的想法。

僅僅合作一天，Gary 與我就針對他想要打造的產品取得共同的理解，但我們心裡明白，有一片暴風雨正在我們的頭上形成。在我們撰寫的每一張卡片裡都有許多細節需要進行更多討論，而且，對 Gary 來說，那些細節與討論全都代表著打造軟體需要花費的錢——他所沒有的錢。另外，關於軟體開發，他早已體認到一項基本事實：你要建造的東西總是超過你擁有的時間。

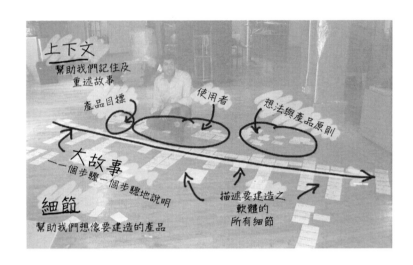

現在，Gary 針對產品的使用者，以及他們是否真的想要使用，或者如他預想般地使用，做了許多重大的假設（assumption），但眼前那些東西並不是他的主要顧慮，Gary 必須先設法最小化他的產品想法，讓它變成實際可建造的東西。

Gary 的故事最後有一個非常圓滿的結局。不過，在下一章中，我會講述另一個組織體認到它有太多東西以致無法建造，以及它如何運用故事地圖找出可行的解決方案（viable solution）的故事。

Artgility ── 當藝術創造力遇見 IT 創造力

Ceedee（Clare）Doyle，敏捷專案經理與顧問，
Assurity Ltd，威靈頓，紐西蘭

背景

The Learning Connexion（TLC）是位在紐西蘭威靈頓的一所藝術學院，教授藝術與創造力。TLC 的課程計劃相當獨特，因為他們奠基於「從做中學」的理念；亦即，實踐即理論，學生們與導師一起發展與他們選擇探索之想法相關聯的簡報。

TLC 是典型的中小型組織，發展出專用的 IT 系統，支援它在當時的需求。學生資訊被收集在五個不同的地方，而且每個地方都不一樣！TLC 需要透過某種方式管理它的學生及相關教學工作，相當不同於大多數教育機構。

TLC 沒有 IT 專案的經驗，每一支針對它建造的小應用程式都是由某人的兄弟的朋友的室友所完成的，使用的是 Microsoft Excel 與 Access 之類的簡單技術，唯一的商業應用程式（用於法定報告）重複處理來自其他四個來源的資料。

身為校友，我一直跟該團隊有聯繫，當校方需要幫忙時，他們與我接洽。在 2009 年時，我已經在 IT 產業服務了九年，而且，在最後三年中，我一直想要從事敏捷專案，天時，地利，人和，一切蓄勢待發！

Phoenix 專案

在初始研習會（workshop）中，我預定跟一些關鍵人士展開兩個半天的會議。我與一大群各種背景的人員合作，目標是發展共同的理解。一開始，我概述故事對照的運作方式，並且簡單地探索學生管理流程的幾個大步驟。

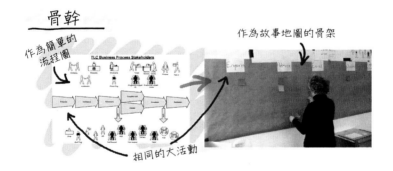

直到我讓他們看過這張照片（故事地圖的骨幹，backbone），每個團隊成員才知道他們在做什麼，然而，就像贊助者 Alice 說的，這可能是他們第一次清楚地認識自己的業務流程，以及所有步驟如何互動。

從那裡開始，我們不斷腦力激盪，思考人們想要系統做什麼，範疇相當龐大，而且故事綿延不絕。

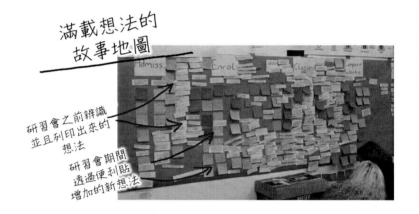

美妙之處在於，這些人都相當有創造力，而且他們很習慣這種「肯定式探詢」（appreciative enquiry）的方法，因此，對他們來說，思考系統需要做什麼，就跟烘焙師傅製作麵包一樣自然。

主要標題（參見上圖）為 Enquiries（詢問）→ Admissions（入學許可）→ Enrollments（註冊）→ Classes（課程）→ Complete work（完成作品）→ Completion（修業完成）→ Graduation（畢業）。

接著，藉由故事對照的指引，我們走過每一個部分，確保一切合理，而且流程的每個步驟都能夠讓學生遂行無礙。有些人突然靈光乍現，產生一些想法，因為他們瞭解到自己參與整個流程的哪個部分，以及他們為什麼必須進行一些活動，其他人則意識到他們正漏掉一些會對他們產生很大影響的步驟。逐步檢視故事地圖揭示了團隊的諸多缺漏，並且發掘出大家能夠協同合作的地方與步驟。在此之前，團隊成員對其他人在做什麼所知甚少，但突然間，他們發展出對整個流程如何運作的共同理解與共通用語。舉一個例子，*Classes* 被重新命名為 *Delivery*，因為並非全部學生都有上課。

當論及賦予優先順序時，識別必須有、應該有、及可有可無的——不是要（in），就是不要（out），非常簡單：「沒有它就不行的東西」在「線」的上方，其他東西在「線」的下方。在逐步檢視過 Enquiries 之後，團隊明白是怎麼回事，並且利用剩餘時間處理其他活動，我可以站在一旁觀看他們操作！其他團隊人員接手，繼續添加子標題，更妥適地描述「這些事情全都必須一起發生，接著是這些事情。」最後，他們一同建立學生從最初詢問到最終畢業所必須遵循之全部步驟的整體圖像。

原本預計兩個半天的會議最後變成三個全天的會議，在研習會中，人們來來往往，適時出現（他們還有授課等其他工作），這樣的彈性意味著，幾乎所有人員都能夠參與並貢獻意見。他們發現這個流程真的很有用，讓每個人捕捉到整體圖像，並且將他們的需求包含進來。另外，它也識別出存在某些隔閡的地方，並且輕易地篩選出真正重要的東西。最後，我們很清楚地瞭解到哪些東西要被放進第一版軟體裡。

第二章

計畫建造較少東西

> 你要建造的東西總是超過你擁有的人力、時間、
> 或金錢。屢試不爽。

以絕對的口吻（例如，「總是」或「決不」）說話常常讓我陷入麻煩，但是，針對本章開頭的陳述，我真的想不到有什麼不成立的情況，即使我沒有科學數據可以支持這個論點，但從來沒有人跑來跟我說，「我們被要求增加這個新功能，而且，很高興，我們擁有的時間比需要的時間多出很多。」

然而，關於使用故事地圖的最酷炫事情之一，就是它提供空間讓你跟其他協作者一起思考替代方案，想辦法在你擁有的時間內得到良好的成果（outcome）。

倒杯咖啡，輕鬆坐好，講古時間到了。

這個故事是關於我在 Globo.com（*http://globo.com/*）的朋友，Globo.com 是巴西最大的媒體公司，擁有電視台與廣播電台，製作電視電影與原創節目，並且出版報紙，它是巴西的傳媒巨擘，也是全球最大的葡萄牙語媒體公司。

Globo.com 比地球上大多數組織都瞭解什麼是不可撼動的最後期限（deadline），例如，它製作針對世足賽每年做修正及改善的酷炫虛擬足球遊戲，如果這款遊戲的開發工作發生延誤，釋出日期變更所造成的衝擊絕對是 Globo.com 無法承受的，為什麼？因為世界盃的舉辦日期是絕對不會改變的。另外，Globo.com 將針對巴西主辦的 2016 年奧運製

作一些功能與內容，我向你保證，它必定會及時完成——因為非得如此不可。並且，它針對各種新的電視節目與實境秀製作功能與內容，這些都是不可變更日期的事情，如果發生延誤，Globo.com 將會蒙受巨大損失。Globo.com 總是必須如期完成，而且，因為產業特性如此，Globo.com 非常擅長這項工作，不是因為該公司的動作比其他公司來得快（當然，它的手腳確實俐落），而是因為它深諳事半功倍（do less）之道。

故事對照幫助幾個大群組建立共識

看看這個：

那只是某個大型故事地圖的一部分，由 Globo.com 的三大事業群的八個團隊領導人共同建構。來自 Sports（運動）、News（新聞）與 Entertainment（娛樂）群組的團隊共同建立這個地圖，徹底檢視為再造、翻新及革新其基礎內容管理系統所需要做的工作。這個系統驅動 Globo.com 旗下的新聞網站、運動網站、肥皂劇網站，並且幫忙實境秀節目宣傳相關活動及募集參加者等等。這個龐大的系統必須能夠處理大量的影片，即時的賽況與選舉結果、照片、新聞直播等等。這個系統有很多工作要做，而且必須做好。

我到達 Globo.com 辦公室的那一天，他們正在建造這個故事地圖，一同工作的各個團隊快要掉進單調待處理項目（*flat backlog*）[譯註] 的陷阱，每個團隊各自為政，早已備妥自行排定優先順序的待處理項目

[譯註] 請參考第一章。

（backlog），但事實上，非常明顯地，Globo 有大量工作要做，而且每個團隊彼此倚賴，例如，要讓新聞網站運作順暢不僅需要新聞團隊，還得仰仗其他團隊建立基礎元素，讓新聞網站可以使用照片、影片、即時數據等許多其他資訊。

我同他們坐下來，提醒他們原本就已經知道的事實：「我瞭解你們分屬不同的團隊，聚焦於不同的領域，但這是一個內容管理系統的重大改版，你們必須一起釋出共同的成果，除非大家一同檢視，否則無法規劃出可行的版本，你們必須將所有這些依賴關係具象化。」他們同意我的看法，並且迅速將各自的待處理項目重新組織成故事地圖，幾個小時內，他們在牆上建構出故事地圖，使用便利貼述說關於該內容管理系統的故事。

當團隊成員一起建立故事地圖時，我並未待在房間裡，但稍晚回來時，我對於他們的建造速度大感驚訝，他們相當得意，而且這確實值得驕傲。他們已經釐清一些複雜的待處理項目，並且將它們組織成緊密結合的產品故事。現在，每個團隊都能夠看到它的工作與整體圖像（big picture）之間的關係。

> 跨多個團隊針對產品釋出進行故事對照，以便具象化依存關係。

大型故事地圖剖析

Globo 的故事地圖是典型的故事地圖範例，在你架構、對照並探索諸多細節之後會得到的結果。

骨幹組織故事地圖

位在故事地圖頂端的是骨幹（backbone，或主幹），有時包含二層，你可能從故事的基本流動開始，這是一層，然而，當它變得相當冗長時，你可以再往上加一層，進一步總結。稍後，我會說明我喜歡在每一層安排些什麼，不過，一位老朋友提醒我別太計較這裡的精確用語，他說，「不就是一些大事情和一些小事情」。沒錯，他是對的。

整個骨幹看起來就像是你從某種奇幻動物身上抽出的脊梁（spine），這根長長的脊梁位在頂端，具有許多間隔不均的椎骨（vertebrae），並且往下衍生出長度不一的肋骨（rib）。

針對整體可交付版本進行故事對照

這張故事地圖由 Globo 的諸多團隊打造而成，有些團隊負責影片，有些團隊在後端建立可供編輯人員創造內容及管理內容的材料，有些團隊負責底層的中介資料以及資料之間的關聯——我無法完全領會的語義標記（semantic markup）。另外，有些人處理外部呈現的問題，讓使用者與客戶擁有美觀的視覺感受，還有一些人負責與新聞、運動或娛樂相關的特定功能。

眾多團隊必須在這張故事地圖上協同合作，因為，就此重大改版而言，沒有任何團隊能夠無視於其他團隊而單獨釋出自己的部分。這些團隊建造單一故事地圖，因為他們必須以整體的角度檢視產品的釋出或發佈（release）。

跨眾多使用者與系統，針對敘事流進行故事對照

故事地圖從左邊的使用者開始，說明他們如何建立存放新聞、圖像與影片的螢幕小組件（widget）。接著，其他類型的使用者針對肥皂劇或新聞網站將那些小組件結合成網頁。然後，有些編輯人員為網頁添加內容。整個骨幹描繪了 Globo.com 的各種使用者如何在它的網站上建構及管理內容。

當你從左到右閱讀地圖骨幹時,它描述了所有使用該系統的人們,以及他們為了建立及管理網站內容所做的事情。由左至右的順序就是我所謂的**敘事流**(*narrative flow*),那是指明故事述說順序的學院派說法。當然,這些人同時進行一切事情,而且有時候,事情並非完全按照順序進行,然而,我們完全理解,我們只是把它們按照順序放好,幫助我們述說使用者故事。

對這個大系統來說,敘事流必須**穿過許多不同使用者與不同系統的故事**。我喜歡在骨幹上方額外放置一些便利貼或角色縮略圖(persona thumbnail),以便看清楚故事於特定時點是在討論哪些使用者。另外,你也可以將後端服務或系統所做的複雜工作擬人化,我在 SAP 的朋友們為他們的系統建立虛擬的角色,並且使用來自〈星際大戰〉的 R2D2 或 C3PO 的圖片。

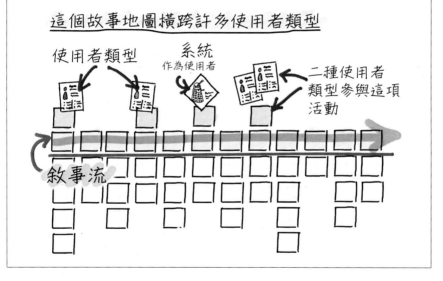

故事對照幫助你看出使用者故事的漏洞

與建造故事地圖的人們交談時,他們會告訴我,「每當進行這項工作時,我們發現漏洞,我們找到我們以為另一個團隊會注意的事情,但他們其實不曉得。我們在各個重大功能之間發現一些我們忘了討論的必要事項。」透過一同進行故事對照,Globo.com 找出一些問題。

在具體展望過整個產品或功能之後，比較容易進行「⋯如何？」（What-About）的遊戲，我們開始詢問，「萬一這件事情出錯的話會如何？」或者，「這些其他使用者如何？」針對任何顧慮，詢問「⋯如何？」，並且增加便利貼到地圖主體（body），說明解決這些軟體問題所需要的想法。在第 1 章中，Gary 詢問「⋯如何？」，以便考慮不同選項與替代方案。當你跟其他團隊進行這項遊戲時，你會發現他們能夠看出在不同系統連接處可能出現的諸多問題。

人們有時會對故事對照提出一項批評：每當他們坐下來建造故事地圖時，最後總是搞出太多東西。然而，我相信，重點是找出稍後會影響我們的東西，這絕對是一件好事情。

在老派的軟體開發方法中，假如我們在稍後發現新事物——在估計交付時間並且承諾交付日期之後——這些新事物會被稱作範疇蔓延（*scope creep*），事實上，我個人相信範疇並未蔓延；而是我們的理解增加。當人們建造故事地圖時，通常會發現他們的理解有漏洞。

> ### 不是範疇蔓延；而是理解增加。

總是搞出太多東西

在我離開 Globo.com 的內容管理團隊時，一切都很順利——團隊對於故事相當瞭解，知道要做什麼，但幾天之後，當我回來時，發現他們再次陷入苦戰，因為他們意識到有太多工作要做，完成故事地圖上的一切很可能需要費時一年以上。當然，有經驗的讀者都知道，當軟體開發者說完成某事需要花費一年時，真正的意思是兩年，原因並非他們不勝任或他們喜歡挑戰時程，而是因為我們非常不擅長針對從未做過的事情進行時間估計，並且，我們天生就是樂觀的動物。

他們對我說，「有太多東西要做，將耗費很長的時間。」

「全都必須做嗎？」我問道。

當然，他們回答，「是的，因為這整件事情正是大型內容管理系統的一部分。」

「但專案不會搞那麼久」，我回答，「我知道你們的 CEO 想要趕快看到結果，對吧」？

「是的」，他們回答，「他想要我們的軟體及時趕上幾個月後的巴西大選！」

「有必要讓這一切全部在選舉前上線嗎？」我問道。

詢問這個問題之後，馬上看到他們的眼睛為之一亮。當然，他們不需要完成一切。目前為止，他們假設必須建造一切，並且聚焦在識別順序（sequence）與依存關係（dependency）上，然而，這其實是時間的問題。他們調整想法，把焦點重新聚集在成果（outcome）上。

> 聚焦在你希望系統之外發生什麼，
> 以便決定要在系統之內安排什麼。

Globo.com 聚焦在巴西大選，各個團隊具體思考良好的成果，設法在選舉期間，利用更新穎、更令人心動的互動內容，成功吸引參訪者、廣告主、與 Globo 母公司的關注。如果他們做到了，那將是一場空前的勝利。

這並非他們第一次碰到不可能達成的交付日期，他們思考了一下，並且瞭解他們確實需要完成新聞網站，以及一些相關支援，因為這是參訪者與其他人觀看巴西大選的地方。聚焦在新聞網站表示：特別關注即時顯示選戰數據的創新方法，並且以更迅速的方式播報新聞，當然，還有被用來展示這一切的最新進視覺化設計。

切割出最小可行釋出版本

團隊拿了一卷藍色膠帶，由左至右，橫跨地圖，拉了幾條直線，做了幾個水平的分割，接著，移動卡片，將卡片放置於那些藍線的上面或下面，指明哪些事情需要在第一個分割裡完成，哪些事情可於稍後再處理。

思考過程有點像這樣：如果我們針對巴西大選讓產品上線，很多巴西人會看到這玩意兒，它將引起轟動，會影響我們的各個網站，讓它們看起來更棒。在這個釋出分割裡的東西，都是使用者在軟體發佈之後必須能夠做的事情，以便享受這個改版所帶來的諸多好處。

聚焦在成果——使用者在系統釋出時
必須能夠做的事情及看到的東西——並且切割出
提供這些成果的釋出版本。

切割出釋出版本路線圖

故事地圖包含一些會提升 Globo.com 之網路特性（web properties）的創新事物，但真的需要花費很長時間才能夠全部完成。巴西大選所創造的市場窗口（market window）是不容錯過的大好機會，聚焦在選戰，有助於 Globo 識別出第一個釋出版本。

然後，團隊開始思考何種網路特性和市場活動應該與下一個釋出版本綁在一起。他們在每個釋出分割的左邊貼上便利貼，簡單描述每個釋出分割的意圖——它們的目標成果，接著，繼續上下移動卡片，將它們移到合適的釋出分割中。

最後，他們得到一個漸增式的釋出策略（release strategy），讓他們處理逐漸替換整個內容管理系統的相關工作，而且，按照這種模式，他們會看到每個釋出版本的真正利益，如果沿著故事地圖的左緣往下讀，就會見到一個由具名釋出版本組成的清單，每一個釋出版本都具有特定的目標成果，這就是釋出版本路線圖（release roadmap）。

注意，該清單不是一群功能，而是一個由實際利益所組成的清單──記住，你的任務不是建造軟體，而是改變世界。困難的部分在於：選擇你想要為哪些人改變世界，以及如何改變。

> 聚焦於具體的目標成果是為開發工作
> 排定優先順序的秘訣。

相反地，假如你不知道什麼是你的目標成果──你試圖獲得的具體利益──那麼，為開發工作排定優先順序幾乎是不可能的任務。

不是針對功能排定優先順序─而是針對成果

注意，Globo 的各個團隊從替換整個內容管理系統的大目標開始。替換掉內容管理系統會是他們所要交付的產出（output），這會讓有更多正面的效果產生在最終成果上。藉由專注在較小且明確的目標成果，會是分解龐大的階段性產出（output）的秘訣。

記住：在成果背後的是參與特定活動之特定人的具體行為改變。透過聚焦於即將到來的巴西大選，Globo 選擇將焦點集中在關注新聞的人們身上，尤其是那些追蹤最新選舉細節的人。然而，在聚焦於新聞關注者的同時，它略過肥皂劇愛好者、運動迷，以及許多其他類型的使用者，這些人必須跟眼前的網站再相處一段時間。記住，你無法總是面面俱到。

真神奇一確實如此

我可能很容易感動，然而，分割是關於將軟體想法組織成故事地圖的最酷炫事情之一。

有好幾次，我與一起合作的團隊將關於完美產品的所有想法放進故事地圖，並且被完成它所需的龐大工作量給弄得不知所措，一切好像都很重要。但接著，我們後退一步，考量即將使用產品的特定人士，以及他們需要完成哪些事情才算獲得成功，據此，我們歸結出一些東西，然後去除掉所有不必要的東西，最後，我們對於可行的解決方案實際上有多小感到震驚不已。真是神奇。

第 1 章的 Gary 也對他的產品做了類似的事情，他最終把焦點縮小到樂團經理、粉絲，和 Mimi 的內部管理者身上——因為你必須讓網站運作起來。Gary 選擇略過場地經理與音樂家，最後，他瞭解，透過聚焦在少數人與行銷活動，他得到一個相當不錯的電子郵件行銷平台。對現今的 Mimi 使用者來說，相信這正是他們的切身體驗。

在龐大的故事地圖裡具象化我們的想法，讓所有步驟變得更容易，讓許多人能夠協同合作，一起完成它。

尋找較小的可行釋出版本

Chris Shinkle，SEP

FORUM Credit Union 是全國最大且技術最先進的信用合作社之一，雖然該公司擁有優良且具創造性的開發文化，它尋求 SEP 的協助，建造新的線上金融系統，與既有的商用成品（commercial off-the-shelf，COTS）解決方案相匹敵，目標包括增加行動銀行、個人財務管理，與簡訊理財（text banking）等支援。

SEP 展開為期兩天的故事對照會議，內容涵蓋成果、角色模型與故事對照。該會議促成一次有組織的對話，針對一大群功能想法排定優先順序，然而，那些成果與角色模型不足以為故事排定優先順序。在兩天的會議結束時，在面積超過 1,000 平方英尺的開發部門裡，故事地圖幾乎涵蓋整整兩面牆！

兩天的討論與故事對照

角色模型草圖

對照者

許多地圖

建構故事地圖之後，SEP 引領 FORUM 的利害關係人走過簡單的優先化模型（prioritization model）：

Differentiator（差異化因子）

　　讓產品有別於競爭對手的功能

Spoiler（破壞者）

　　對抗他人之差異化因子的功能

Cost reducer（成本減少者）

　　減少組織成本的功能

Table stakes（入場籌碼）

　　在市場上競爭的必要功能

SEP 使用不同顏色的便利貼表示每一個故事所屬的類別，有趣的討論浮現──事實上，某些利害關係人的 differentiator 是其他利害關係人的 table stakes。很明顯地，這些對話中有很多都是第一次發生的！搭配優先化模型的故事地圖讓未曾發生過的對話能夠發生，幫忙引導團隊在優先順序上達成共識。

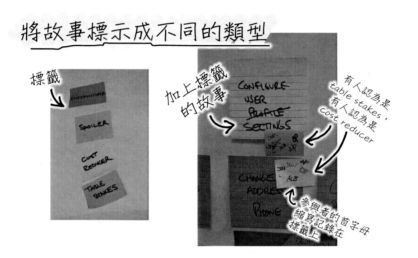

在為故事貼上標籤之後，SEP 利用投票表決系統，幫助利害關係人將構思與討論結果匯集成一組最有意義且聚焦於成果的功能，出乎每個人的意料，有幾個故事被認為可以延後處理或者根本不需要。在寫下任何一行程式碼之前，粗略的盤算就已經幫我們省下幾十萬美元了。

當被問及運用故事對照展開專案的相關事宜時，FORUM 的 CEO（Doug True）說道，「一開始利用故事對照搭配角色模型來展開專案時，我確實有點懷疑，具體來說，我擔心是否值得將時間投入專案的這個「軟」面向。到了第二天，非常明顯地，這個時間花得實在太值得了。事實上，我幾乎無法想像，要是沒有這個流程，我們該如何捕捉住專案的範疇與衝擊。」

MVP **為何有那麼多爭議**

在軟體開發產業中，有個術語已經被討論很久：最小可行產品（*minimum viable product*），簡稱 MVP。

Frank Robinson 被公認是最早提出 MVP 這個術語的人，但近年來，Eric Ries 與 Steve Blank 針對它所下的定義讓這個術語更為普及。儘管有許多聰明人試著定義這個術語，大家似乎還是感到有些困惑，包括我本人，我所遇到的每個組織對這個術語所採納的意涵都有些微不同，即使相同組織與相同對話裡的人們也經常用這個術語來表示不同的東西。

就像字典裡的大多數單字一樣，這個術語具有多種意義，我要為它提供三個：一個差的，兩個好的。

這是差的定義：

> 最小可行產品不是你或許能夠交差的最低劣產品。

MVP 不是使用者勉強能夠接受的產品──只有在最簡單或者使用者具有高度忍受力的情況下才能夠接受的產品。我經常看到一些組織以某人能夠使用該產品為由，合理化他們的不良產品決策，但很明顯地，參與決策的每個人可能都不會選擇使用它。

如果 Globo.com 使用這個定義來分割出它的第一個釋出版本，就會得到負面的成果，沒有使用者會覺得印象深刻，品牌形象會受到傷害，對公司來說，這樣胡搞瞎搞根本比什麼都不做還更糟糕。

在談論生物體時，我們使用 *viable* 這個詞來表示生物體能夠自己存活下來，不會死掉，在討論軟體時，我們的意思也一樣。

> 最小可行產品是成功達到想要之成果的
> 最小產品釋出。

我最喜歡這個定義。最小（*minimum*）是一個主觀用語，因此，要明確地認清究竟是誰的主觀──因為那絕對不是你。要明確地認清你的客戶與使用者是誰，以及他們需要完成什麼，什麼對他們來說算「最小」？我向你保證，這樣的思考非常有助於對話，但仍然是艱難的對話。不過，另一種做法是 "HiPPO" 方法──"highest paid person's opinion"（最高薪人員的觀點），那簡直是糟透了。

近來,我偏愛的術語是最小可行解決方案(*minimum viable solution*)。我跟一些組織合作的大多數工作都不是完整的全新產品,而是新的功能,或者既有功能的改善。因此,解決方案這個用語好像更有意義。那麼,修正一下我的定義:

**最小可行解決方案是
成功達到想要之成果的最小解法。**

困難的部分來了…

我們只是在猜測。

當我們切割出一群軟體功能,並且稱之為最小可行解決方案時,實際上並不知道它是否真的是。

成果(outcome)的問題是直到結果出來才能夠實際觀察它們。在你切割釋出版本時,你被迫假設即將發生的事情,你可能必須猜測哪些客戶將購買你的產品、哪些使用者將選擇使用它、是否能夠使用,以及在你擁有的時間內可以建造哪些東西,你被迫猜測要做多少事情才會讓他們滿意。你需要做很多猜測。

這是很糟糕的,因為假如你猜測得太低,嗯…比「最小」還要少,你就會失敗。假如你猜測得太高(很多人都會這樣做,以求周全),你就會花太多錢,並且經常冒著根本無法完成的風險。最糟糕的是,你可能完全搞錯方向,你所交付的一堆東西根本沒有切中要的。

難怪,「你或許能夠交差的最低劣產品」的定義仍然相當盛行,因為那是我們比較能掌握的一種觀點。

新的 MVP 根本不是產品!

我知道,你們當中有些人可能在這兩章裡逐漸感到焦躁不安,你們可能在想,*Jeff* 忽略了最重要的事情!你可能是對的。在故事與故事地圖的對話期間,你們能夠討論的一些最重要事項為:

* 我們的最大、最冒險的假設是什麼?不確定性何在?

* 我能夠做什麼來學習(或瞭解)某些知識,以便使用真實的資訊取代風險或假設?

這引導我走向我的第三個 MVP 定義，Eric Ries 在《*The Lean Startup*》（Crown Business）[譯註] 一書中也大力推廣 MVP 的觀念。跟多數人一樣，Eric 歷經艱辛，終於體認到：我們只是在猜測。Eric 服務的公司釋出了自以為可行的產品，但是它錯了，Eric 明智地將他的策略轉變成聚焦在學習上——聚焦在驗證公司針對第一版 MVP 所做的那些假設。Eric 提出了重要的論點，我們必須建立較小的實驗或原型（prototype），測試我們針對最小與可行釋出版本所做的假設，而如果你採取 Eric 的思維模式（你的確應該這麼做），你的第一個產品實際上應該是一個實驗——一次又一次地，直到證實你獲得正確的產品。

> **最小可行產品也是你能夠建立來證實**
> **你的假設為真或假的最小產品釋出。**

Globo.com 的人員能夠悉心規劃，以求建造較少的東西（build less），這是很棒的，然而，他們並未呼嚨自己，他們知道有很多東西需要學習或瞭解，以便證實他們的假設是否成立。從這裡開始，每個人都必須建立計畫，學習或瞭解更多東西，這正是下一章要繼續討論的主題。

[譯註] 繁體中文版書名為《精實創業：用小實驗玩出大事業》，行人出版社出版。

第三章

計畫學習更快

這位站在團隊辦公室裡的待處理項目（backlog）與任務板（task board）之前的，是我的朋友 Eric。Eric 是產品負責人，他的團隊努力打造成功的產品，但目前尚未完備。然而，Eric 並不擔心，他胸有成竹，心中懷抱著讓產品邁向成功的策略，而且，到目前為止，一切順利運作。

Eric 服務的公司名為 Liquidnet，Liquidnet 是機構投資者（institutional investor）的全球交易網路。早在 Eric 來到照片裡的任務板之前，該公司裡的某個人就已經識別出 Liquidnet 能夠更妥善服務的客戶群，並且附帶一些如何那樣做的想法。Eric 是團隊的一份子，負責採納並且處理那些

想法,這正是產品負責人的工作。如果你以為他們總是在執行自己的絕妙想法,那你就錯了,產品負責人的艱鉅任務之一,就是承繼某人的想法,並且設法讓它成功、或證明它是不可行的。最好的產品負責人,就像 Eric,幫助整個團隊承擔起產品開發的一切責任。

從討論你的機會開始

Eric 不是從建立一堆使用者故事開始,他承繼某人的大想法(big idea),並且將它視為公司的機會(opportunity)。他跟公司高層對話,企圖瞭解更多資訊,他們談到:

* 什麼大想法?
* 客戶是誰?我們認為哪些公司會購買這項產品?
* 使用者是誰?我們認為那些公司裡的哪一種人會使用這項產品,以及用它來做什麼?
* 他們為什麼會想要它?它能夠為客戶及使用者解決哪些目前不能解決的問題?購買及使用它之後會得到什麼好處?
* 我們為什麼建造它?假如我們建造這項產品並且成功,對我們會有什麼幫助?

在掌握這個機會之前,Eric 必須跟組織裡的其他人建立共同的理解。他知道,在接下來的幾個月中,他必須反覆地講述這個產品的使用者故事,因此他最好馬上弄清楚這一切。

> 你的第一個故事討論是為了確認機會。

驗證問題

Eric 相信公司高層的直覺,但他明白這個大想法只是假設,他知道,確認這個想法會成功的唯一方式就是實際看到它成功。

他先花時間跟客戶和使用者直接交談，以便真正瞭解他們，在整個過程中，他驗證客戶確實有問題，而且真的有興趣購買解決方案。Eric 跟可能會使用該產品的人交談，他們當時並沒有那樣的產品，而且只有蠻糟糕的變通辦法可以解決新產品即將針對的問題。

驗證你正在解決的問題真的存在。

當 Eric 忙著與客戶和使用者溝通時，他同時也在組織一群能夠試用新軟體的理想候選人，有些公司稱這種人為客戶開發伙伴（customer development partner）。記住這個細節，因為它將在後面的敘述裡出現。

事實上，在這個階段，不是只有 Eric 在忙，Eric 正與一個小團隊合作，這些人花費大量時間跟他們的客戶交談，並且發現解決這個問題並不是那麼容易——而且還有其他問題必須先解決。要記住的重點是，瞭解（學習）越多，原本的機會就改變越大——最後，改變真的非常大。很幸運地，他們並未直接一頭埋進他們被告知要建造的東西，那對他們的客戶或組織並不會有什麼大效用。

此時，在跟客戶交談之後，Eric 和他的團隊已經具體瞭解他們可以打造的、使用者會使用的解決方案類型，而且，透過這樣做，他們能夠獲得客戶想要的利益。現在，Eric 和他的團隊能夠全心投入，建立一群描述其解決方案的使用者故事，並且準備工作團隊建造軟體。因為都是聰明人，他們本應利用故事地圖從大想法演進到具體的建造元件，但因為太聰明了，他們此時打算做的最後一件事情竟然是直接建造軟體。

製作原型以學習

還好，大概這個時候，Eric 開始擔任這項產品的負責人。首先，他繼續將解決方案擘畫成一群簡單的敘述性故事——使用情節（user scenarios）。接著，他將這個想法具象化成簡單的線框圖（wireframe sketch）。然後，他建立高保真的原型（prototype），這並不是可運作的軟體，而是簡單的電子化原型，使用 Axure 之類的簡單工具來建造，甚至只是使用 PowerPoint。

對 Eric 來說，這些都是學習步驟（learning steps），幫助他具象化解決方案。最後，他將解決方案放在使用者面前，看看他們怎麼想，但他知道，在這麼做之前，他必須相信這個解決方案會解決他們的問題。

> 繪製草圖並製作原型，以便具象化你的解決方案。

目前為止，我對你隱瞞了一個重要細節，Eric 實際上是一位互動設計師（interaction designer），他是那種習慣花時間與客戶和使用者溝通的設計師，並且很習慣建造那些簡單的原型。然而，就這個新產品而言，他也是產品負責人——對產品成敗承擔最終責任。Eric 的公司裡有一些產品負責人並不具有他那樣的設計技能，不過，他們巧妙地與設計師配合，以便跟使用者充分溝通，並且具象化他們的解決方案。

Eric 最終確實將原型帶給使用者看，我不在場，所以不知道實際發生什麼事，然而，我已經多次身處這種狀況，我總是非常驚訝地發現，我可以從解決方案的使用者身上學到（瞭解）很多東西。我能夠告訴你的是，對好消息與壞消息都要有心理準備。事實上，面對壞消息應該慶幸，因為，若是幾個月之後才得到相同的壞消息，並且是在你建造軟體之後，那麼，需要付出的代價就非常龐大。現在進行變更是最經濟、最合理的。Eric 這麼做，你也應該這麼做。

> 製作原型並與使用者一起測試，
> 瞭解你的解決方案是否有價值並且可用。

在多次反覆調整解決方案，並把它展示給客戶看之後，Eric 相信他已經掌握到相當不錯的想法。當然，他現在可以建立待處理項目，並且讓開發團隊將原型的解決方案轉變成實際運作的軟體，然而，Eric 不打算那麼做。嗯，也不是不打算，而是他想要將風險減到更小。

注意人們說他們想要什麼

Eric 已經將他相信是可行解決方案的東西做成原型，但不確定那是否真的是最小的——因為他向人們展示了許多酷炫的想法，如果你將所有酷炫想法都擺在人們眼前，他們當然會喜歡，但 Eric 知道他的任務是將建造量減到最小，並且仍然讓人們感覺滿意。他可以去除多少東西，並且還是擁有可行的解決方案？

Eric 也知道還有其他事情讓人有點不安，他明白，說他們想要使用產品的人其實也只是在臆測。

回想一下，當你自己在買東西時，你可能仔細檢視過產品，你可能看過銷售人員展示一些很棒的功能，你可能自己試用過那些很棒的功能，而且你可能臆測你真的非常愛用這個產品，但當你買下這個它並且開始實際使用時，你發現那些很棒的功能根本沒那麼重要，真正重要的是你沒有想到的功能，而且，最糟糕的是，或許，你根本不太需要這個產品。好吧，我說的或許只是我自己。總之，我的車庫裡有一堆東西是我希望自己從來沒買過的。

回到 Eric 的案例，他知道客戶和使用者能夠想像該產品會有多好用，而且，瞭解這件事讓他的信心倍增，願意投入更多。然而，真正的證據直到那些人實際選擇每天使用它時才知道，那是他正在尋求的實際成果──讓公司實際獲得它真正想要之利益的唯一成果。要瞭解這件事，並不是原型能夠辦到的。

建造以學習

現在，Eric 開始展現他實際上有多聰明。

Eric 與他的團隊開始實際建造軟體，但第一個目標不是建造最小可行產品，而是建造某種「比最小還要少」（less than minimal）的東西──僅足以讓潛在的使用者利用它來做某種有用的事情。這是一個不會讓太多人留下印象的產品，甚至可能討厭它，絕對不是你會想要讓行銷人員大力推銷的產品。事實上，你只想要針對潛在的產品使用者，以及真心想要為他的問題找到解決方案的人。

恰巧，Eric 認識一小群那樣的人，他們是稍早在 Eric 瞭解及驗證問題時與之合作的客戶和使用者，是 Eric 的開發伙伴，並且針對先前的原型提供回饋意見。Eric 相信，這群人當中有一部分能夠幫助他學到（瞭解）更多東西。Eric 會將「比最小還要少」的初始產品（絕不是可行的產品）放在他們面前，並且希望他們成為他的早期採用者（early adopter）。

下面是他做的事情。

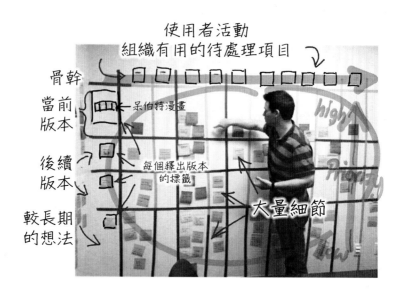

Eric 正指著他切割出來的當前待處理項目，拍攝這張照片時，他已經將軟體釋出給他的開發伙伴，在那之後，Eric 與他們交談並且取得回饋意見，同時，他的團隊也在建立一些簡單的數據，量測那些人是否真的在使用這個軟體，以及他們究竟使用該軟體來做什麼。

Eric 瞭解人們總是很客氣，他們嘴上可能說喜歡某產品，卻沒使用它。「使用它」是他想要的實際成果，而禮貌對他而言並沒有實質的幫助。另一方面，Eric 也明白有些人的要求很高。他們可能列出產品的全部問題，或者抱怨臭蟲，然而，數據可能告訴我們，儘管抱怨連連，他們卻每天都在使用它。這樣的抱怨是良性的，因為它讓 Eric 瞭解接下來要做什麼改善。

Eric 的待處理項目被組織成故事地圖，沿著頂端骨幹貼著黃色便利貼，那些便利貼上面寫著動詞短語，說明使用者會使用這項產品做什麼，不過，是以高階角度描述的，在它們下面是所有的細節——實際使用該產品時會做及需要做的具體事項。雖然 Eric 與他的團隊所發展的細節隨著一版又一版的產品釋出而改變，骨幹本身卻相當一致。

最上面的分割（在膠帶上方）是 Eric 和他的團隊目前正在作業的釋出版本，這個釋出版本需要 Eric 進行兩個 sprint（衝刺）[譯註]，他使用的是

[譯註] 請參閱 *http://en.wikipedia.org/wiki/Sprint_*（*software_development*）。

Scrum 開發流程，每個 sprint 為期兩週，所以兩個 sprint 基本上相當於一個月。往下延伸的是其他分割，下一個分割包含他們所設想的下一個釋出版本，依此類推。就像 Globo.com 團隊，每個分割的左側被貼上便利貼，上面寫著釋出版本的名稱，並且簡單描述他們想要在這個釋出版本中學到什麼。另外，在最上面的釋出版本中貼著呆伯特漫畫，那是團隊內部的笑話，我不太能領會。

最高優先性的故事…移到當前的 sprint

故事對照的待處理事項　　　　　　開發任務版

如果你仔細看，當前分割的頂端稍微被清理過，原本在那裡的一些便利貼現在已經不在了，因為它們是團隊即將建造的第一批項目。在團隊成員一同規劃工作時，他們將那些便利貼移除，並且將它們放置於故事對照之待處理項目右邊的任務版上，該任務版顯示他們目前在這個 sprint 中要處理的故事，以及相關的遞交任務──開發者與測試者將故事裡的想法轉變成有效軟體所需要做的具體工作。

Eric 的故事對照之待處理項目的一個微妙之處（顯露出他的聰明才智）是最頂層分割的厚度，它是下方其他分割的兩倍厚。當 Eric 和他的團隊完成一個分割，並且將它交付給開發伙伴（他們稱之為 beta 客戶）時，會將下方分割的便利貼移上來，在那麼做的同時，他們會針對下一個釋出版本進行許多更詳盡的討論。他們會玩「…如何」的遊戲，發掘問題並且填補細節。他們會討論下一個釋出版本的一些想法，而且，這樣的討論會將他們的大想法分解成二、三個較小的想法。接著，他們必須在該分割裡排定優先順序──選擇要先建造什麼。

看得出來他們有多聰明嗎？

反覆進行直到可行

Eric 從「最小可行產品可能是什麼」的想法展開了這整個流程，但一開始，他故意建造比「最小」還要少的東西，然後每個月增加一點東西，他從開發伙伴那裡得到回饋意見——包括與他們交談時所獲得的主觀意見，以及從分析數據中得到的客觀事實。

他繼續執行這個策略，慢慢地增長及改善，直到開發伙伴真正開始固定地使用這項產品。事實上，Eric 希望他們能夠變成進一步將這項產品推薦給其他人的使用者——變成真正的參考客戶（reference customer）。當他們那樣做時，Eric 就知道他已經找到最小且可行的產品，而且，這項產品的風險大減，銷售大增。如果 Eric 和他的團隊之前就急著販售它，就只會得到一大堆失望的客戶——遠不如透過上述流程慢慢建構的良好客戶關係。

如何以錯誤的方式進行

Eric 原本可以將最終的最佳原型分解成各個組成元件，然後一部分一部分地建造，幾個月之後，他會有某個東西可以釋出，屆時，他就會知道當初的猜測是否正確。說真的，事情不會這樣發展——因為這種情況是很罕見的。

我的朋友 Henrik Kniberg 簡單地描繪了這張圖，清楚地說明有問題的產品釋出策略——我在每個釋出版本中都得到某種無法使用的東西，直到最後一版。

Henrik 建議的替代策略如下：

如果以這種方式規劃釋出版本，我每次都能夠交付實際可用的東西。現在，在這個簡單的交通工具範例中，如果我的目標是長途旅行，並且能夠攜帶一些東西，要是你給我一塊滑板，我可能覺得有點失望，我會讓你知道使用滑板長途旅行是非常困難的──但若用在車庫前消磨時間，那倒是蠻有趣的。如果你的目標是讓我感到滿意，你可能會覺得志忑不安，但如果你的目標是學到更多東西，那就沒問題，你會明白我想要的是長距離旅行，而且，如果仔細探索，你會發現我也很重視樂趣。

在 Henrik 的插圖中，事情大概在腳踏車版本出現時開始步入正軌，因為我能夠實際使用它作為堪用的交通工具，而大約在機車的層次上，我 真的能夠看到它的實用性──而且，我也覺得很有趣，對我來說，這可能是我的最小可行產品。如果我真的非常喜歡機車，或許，我的下一步將是更大、更快的哈雷機車，而不是一台跑車，我正步入中年，哈雷的聲音聽起來還真的蠻爽的。無論如何，直到嘗試過機車之後，我們才能夠實際學到某些東西，因而做出最合適的決定。

將每個釋出版本都當作實驗，
並且留意你想要學習（瞭解）什麼。

但是，其他需要長距離旅行的人呢？有小孩的人呢？對那個目標市場來說，這些都不是什麼好選擇。

總是將你的目標客戶、使用者，以及希望得到的成果謹記於心，要讓所有類型的使用者都滿意真的很困難，因此，務必集中你的焦點。

驗證學習

我的朋友 Eric 採取的做法是應用驗證性學習策略（*validated learning strategy*）——Lean Startup（精實創業）思維的一個重要觀念。Eric 瞭解他正在解決的問題，以及他正在為他們解決問題的客戶和使用者，並且明白他心中的解決方案通通都是假設，雖然其中有很多確實是相當不錯的假設，但假設就是假設。Eric 開始理解那些假設，接著驗證它們，從客戶與使用者面對的問題，一直到針對它們準備的解決方案。在每一個步驟中，做某事或建立某物的明確目標就是更深入地學習或瞭解某些知識。

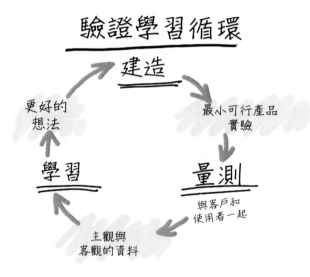

Eric 採用 Eric Ries 所描述的建造－量測－學習（build-measure-learn）循環，而且，根據 Ries 的定義，Eric 交付的每個釋出版本都是最小可行產品。然而，你可以看到，在目標客戶和使用者的眼裡，那並不是可行的——至少還不是。因此，我喜歡將 Ries 的 MVP 指稱作最小可行產品實驗（*minimum viable product experiment*），簡稱 MVPe。它是我能夠建造來瞭解某件事情的最小東西，重點在於：持續瞭解在目標客戶和使用者眼中真正可行的東西是什麼。

一路上，Eric 使用許多工具和技術，然而，使用文字與圖像述說故事一直是他的部分工作模式。在將他的產品反覆改善成可行產品的過程中，使用故事地圖組織使用者故事，有助於讓他將客戶、使用者及其心路歷程牢記在心。

我喜歡使用產品發掘（*product discovery*）這個術語來描述我們在這個階段中實際在做的事情。我們的目標不是為了建造某個東西；而是想要瞭解我們是否在建造正確的東西。恰好，建造某個東西並且將它放到客戶面前，正是瞭解我們是否在建造正確事物的最佳方法之一。我借用 Marty Cagan 關於產品發掘的定義 [1]，而且，我的定義還包括 Lean Startup 實務、Lean User Experience 實務、Design Thinking 實務、以及許多其他觀念。在產品發掘期間，我持續演進，但目標不變：盡快瞭解我是否正在建造正確的東西。

最小化你的實驗

如果認清我們的目標是學習，就能夠最小化我們建造的東西，並且聚焦在只建造我們需要瞭解的東西。如果處理得當，這表示，你在早期建造的東西可能都不是生產就緒的（production ready），事實上，如果是的話，你很可能做太多了。

舉個例子：在我為一家大型連鎖零售商擔任產品負責人時，我知道我的產品必須執行在後端的大型 Oracle 資料庫上。然而，資料庫人員有時候很難搞，他們想要仔細審查我所做的每一個變更，有時候，很簡單的變更都需要耗費一週或更久的時間，嚴重拖慢我跟團隊的速度。其實，資料庫人員的顧慮不無道理，因為所有應用程式皆倚賴這個資料庫，若有什麼閃失，事情就大條了，但他們的資料庫評估及變更流程真的太審慎了──需要耗費很長很長的時間。

對我來說，最關鍵的部分是確保我的產品正確無誤，因此，我們使用簡單的記憶體內資料庫（in-memory database）來建造軟體的早期版本。當然，它們並不是正式的東西，我們也不會將早期版本發佈給普羅大眾，但這些早期的最小可行產品實驗（當時不是這麼稱呼）允許我們跟一小

1　Marty 首先在 2007 年的這篇文章（*http://www.svpg.com/product-discovery*）中描述產品發掘的意義，稍後並在他的著作中（《*Inspired: How to Create Products Customers Love*》，SVPG Press）談到更多細節。

群客戶一同測試想法，並且使用真實的資料。在與客戶進行幾輪迭代，並且發現我們的解決方案有效之後，我們接著進行資料庫變更，並且將我們的應用程式切換到實際的資料庫，而資料庫人員也喜歡我們這樣做，因為他們知道，在進行變更時，我們是信心十足的。

扼要重述

Gary 利用故事地圖跳脫單調待處理項目（flat-backlog）的陷阱，並且看見產品的整體圖像（big picture），接著，開始聚焦於這項產品是針對誰以及它應該是什麼。

Globo.com 的各個團隊利用故事地圖協同處理跨團隊的大計畫，並且切割出他們相信是可行解決方案的工作子集。

Eric 利用故事地圖，把「少於可行」（less-than-viable）的釋出版本切割出來，構成最小可行產品實驗，反覆迭代，找出真正可行的東西。

假設你有信心已經掌握住什麼東西應該被建造，並且假設其他人正倚賴它於特定日期準時上線，那麼，似乎總困擾著軟體開發的最後一項挑戰就是準時完成。幾個世紀以來，藝術家們掌握了一個準時完成工作的秘密，我們會在下一章中學習如何將它應用於軟體開發。

第四章

計畫準時完成

這是 Aaron 和 Mike，他們服務於 Workiva，Workiva 在名為 Wdesk 的平台上製作一套產品，為一些大型公司解決大問題。Workiva 是最大的軟體即服務（software-as-a-service）公司之一，但你可能沒聽過。

Aaron 和 Mike 看起來很高興，是不是？那是人們協同合作解決困難問題後的典型樣貌，或者是因為右邊那個傢伙手裡拿著啤酒的關係？不，跟啤酒無關啦。那是解決困難問題之後油然而生的快樂情緒，啤酒只是小小的獎賞，如果你的公司在你解決棘手問題之後沒有提供啤酒之類的小獎勵，那麼，你應該跟上面的人反應一下。

Aaron 和 Mike 剛剛完成幾輪產品發掘（product discovery），並且相信他們已經掌握住什麼東西應該被建造成產品。

對 Aaron 和 Mike 來說，產品發掘從構思功能想法（feature idea）開始，藉由這些想法，他們能夠實際理解產品是針對誰以及為什麼而被建造。然後，他們直接跟客戶交談，驗證他們對當前狀況如何以及真正問題為何所做的猜測。之後，他們建造簡單的原型。就 Aaron 和 Mike 而言，他們能夠利用 Axure[譯註] 建造簡單的電子化原型，並且跟遠端客戶一起進行測試——先看看他們是否看重這個解決方案，再決定該方案是否有用。針對手上正在進行的功能，他們覺得不必製作能夠實際運作的軟體，即可瞭解他們需要什麼。

在多次使用簡單原型反覆進行之後，他們確信已經掌握住什麼東西值得建造。聽起來好像費了很大功夫，但實際上約莫三天就搞定。最後一個步驟是建立待處理項目（backlog）與功能交付計畫，亦即照片裡的計畫，那確實是個很不錯的計畫，所以他們才會那麼高興。

注意，這張故事地圖不是關於整個產品，只是關於正被增加到既有產品的功能，所以看起來比 Gary（第 1 章）或 Globo.com 團隊的故事地圖來得小。特別在此說明這一點，是因為有些人誤以為即使從事小變更也需要針對整個產品進行故事對照，更有甚者，他們使用這一點作為不進行故事對照的理由。

> 只針對支持你的對話所需的部分進行故事對照。

向團隊述說故事

為了建造這個新功能，Aaron 和 Mike 必須與他們的團隊建立共同的理解，團隊必須指出問題與改進的可能性，並且預估要花多久時間。那就是他們為什麼要建造這張故事地圖的主要原因。他們使用它述說該功能的故事——一步一步，從使用者的觀點。注意到有一些列印畫面被插入故事地圖嗎？在瀏覽故事地圖時，Aaron 和 Mike 參照相關的畫面與細節，好讓觀看者能夠更清楚且具體地想像這個解決方案。使用分鏡腳本（storyboard）描繪動畫電影的迪士尼人員也沒這兩個傢伙強。

[譯註] 原型建構工具，請參考 *http://www.axure.com/*。

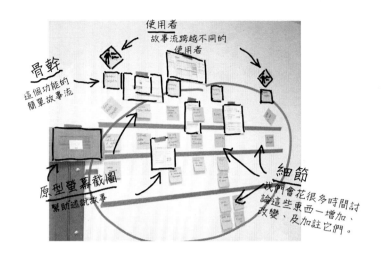

當團隊問及畫面為什麼那樣時，Aaron 和 Mike 就會利用故事說明他們試驗過的種種變形、以及使用者的行為如何。當團隊問及在資料被輸入或資訊被提交時究竟會如何的細節問題時，Aaron 和 Mike 也已經思考過，並且能夠回答那些問題，在不知道答案時，他們會跟團隊討論並在原型上加註資訊、或在模型中增加便利貼。針對自己沒預料但團隊有想到的細節，他們甚至增加兩張便利貼。Aaron 告訴我，團隊看出了幾個他與 Mike 絕對找不到的技術依存關係。

良好估計的秘訣

不管從事軟體開發多久，任何人都瞭解，預估開發工作實際耗時多久永遠是最大的挑戰之一。我即將讓你瞭解關於良好估計最不為人知的一個秘密：

> 最好的估計來自於真正理解他們所估計之物的
> 開發者。

有許多方法承諾提出更準確的估計，我不打算在這裡說明那些東西，但我將告訴你，假如建造軟體的人們彼此之間缺乏共識，或者跟那些具體想像它的人之間沒有共同的理解，那些方法都是行不通的。

建立共識不該是關於估計最不為人知的秘密,你應該立刻讓別人瞭解這一點。

計畫一個片段一個片段地建造

在此時點,Workiva 團隊無法再減少需要建造的東西,他們不能像 Globo.com 在第 2 章中那樣做,因為他們已經驗證過,確實必須完成這些東西。在製作原型時,他們可以去除很多東西,並且驗證他們的解決方案對客戶還是有價值,不過,當你檢視故事地圖時,會看到它被劃分成三個分割。

你可能會問,「他們怎麼會滿意?」,客戶想要之物的 1/3 有點像是交付 1/3 台跑車,那是不能夠開上路的。然而,Mike 是產品負責人,在識別出良好的解決方案之後,他不會就這麼放著不管。現在,他的角色轉換,比較像電影導演,在拍攝每個場景時他都得在場,而且他必須決定哪個場景應該先拍、哪個場景必須最後拍,他知道,整部電影最終必須組織在一起,看起來就是一個連貫的整體。

因此，Mike 與他的團隊一同建立開發計畫，這是他們做的好事：把故事地圖橫切成三個分割。

第一個分割劃分出一部分功能，一旦建造那些片段，他們就能夠看到從頭到尾運作的功能性，它不會適用於所有必須處理的狀況，而且，假如照這樣交付給使用者，使用者恐怕會大失所望。然而，完成這個分割之後，Mike 和他的團隊將能夠看到軟體從頭執行到尾，輸入真實的資料，看看實際的運作，並且應用一些自動化測試工具，瞭解一下它的可擴展性。他們能夠弄清楚許多稍後可能造成麻煩的技術性風險，並且更加確信可以如期交付，或者，至少將看到會拖慢他們的意外挑戰。我將這第一個分割稱作**基本功能骨架**（*functional walking skeleton*）[譯註1]——借用自 Alistair Cockburn 的術語，也有人稱之為「鋼絲」（steel thread）或「曳光彈」（tracer bullet）。

他們將繼續處理第 2 個分割，強化功能性——讓產品更接近可釋出的狀態。在整個過程中，他們可能瞭解到一些出乎原本預料的事情。他們可能忽略了這個功能應該有的一些特性——未在原型中被探索的細微之處。他們可能發現這個系統未按照他們預期的方式運作，並且必須進行一些額外工作，才能夠獲得他們想要的速度。這些都是「可預見的不可預知」（predictably unpredictables）——與 Donald Rumsfeld 的「不知的未知」（unknown unknowns）[譯註2]緊密相關的概念。別假裝它們不存在，你知道它們確實存在。

最後，他們將繼續處理第 3 個分割，精煉該功能，讓它盡可能完備。這裡也會增添進來一些不可預知的事情。

[譯註1] walking skeleton 意指骨瘦如柴的人，亦即最基本、最簡單的架構。

[譯註2] 前美國國防部長 Donald Rumsfeld 在 2002 年回答記者提問的名言，請參考 *https://zh.wikipedia.org/wiki/* 不知之不知。

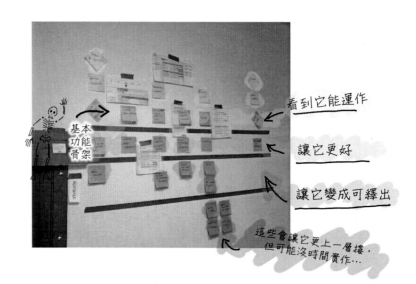

不要釋出每個分割

這些分割（slice）中的每一個都不是要提供給客戶與使用者的釋出版本（release）：而是讓團隊成員停下來評估一下所處狀態的里程碑。從客戶和使用者的觀點來看，它是不完整的，所以別自討沒趣。

Mike 和 Aaron 的團隊估計這個功能大約費時兩個月。就像 Eric，他們使用為期兩週的 sprint（衝刺），因此，完成整個功能需要四個 sprint。我以為他們可能處理四個分割，每個 sprint 處理一個，然而，他們並不是那麼想，你也不應該那樣想。將這些分割想成各具不同學習目標的三個不同 bucket，並且在適當時機，決定要讓它們進入哪些 sprint 或 iteration（迭代）。

良好估計的其他秘密

有一件事情好像是秘密（實際上不應該是）：估計值是…被估計出來的。到網路上找一些矛盾修飾語（oxymoron），相信你會找到「*確切的估計*」（*accurate estimate*）這個詞，如果我們**確切**知道事情會花多久時間，就不會稱之為估計，不是嗎？

然而，如果你建造一小段一小段軟體，你能夠相當確定建造它們會花多久時間，那被稱作量測（*measurement*），應該準確不少。

好，另一個秘密：你越常量測，你就越擅長預測。如果你每天通勤上班，我料想你一定很善於預測它會花多久時間。如果我問你到達大致相同區域的另一個地址需要花多久時間，我相信你的誤差不會超過 10 分鐘。那就是估計運作的方式。

藉由將大事情劃分成小事情，我們有更多機會進行量測，當然，還有一些細微之處需要注意，但原則上，如果有更多類似的例子需要估計多久才能完成，你就會估計得更好。

身為產品負責人，Mike 為準時釋出這項功能承擔全責，他是一個優秀的產品負責人，幫助每個團隊成員朝此目標全力邁進。Mike 將這些早期估計視為他的交付預算（delivery budget）。

管理你的預算

早先，Mike 和 Aaron 與他們信任的開發者一起進行初始的時間估計，他們把它當作預算（*budget*），並且積極地管理它。

針對每一個小片段，他們可以量測該片段花費多久時間建造。他們把完成的東西當作花費（spending），並且與預算（budget）做比較。他們可能發現，已經來到預算時間的一半，但只完成 1/3 的功能，當然，他們並未預期那樣，但現在他們瞭解實際狀況，並且能夠採取某種因應措施，他們可能從正在進行的其他功能借用一些預算，或者，該功能或許可以稍作調整，而不會實際影響使用者的利益；或者，他們可能面對現實，承擔後果，看看如何改變人們的預期，調整他們承諾過的交付內容。

取決於事情的嚴重性，這可能需要買點啤酒補償某些人的損失。

當切割出開發策略時，他們會試著盡早處理可能導致爆預算的事情，那些是風險所在，與整個團隊進行對話有助於將它們識別出來。

在故事地圖裡揭露風險

Chris Shinkle，SEP

一家大型保全公司打算針對中型建築物（例如，學校、診所、賣場等等）打造中價位的無線門禁管理系統，該公司僱用 SEP 幫他們開發門鎖中的韌體，以及要跟這些門鎖溝通的無線 ZigBee 閘道器。

該專案在技術上令人雀躍不已，但具有各種導致失敗的因素，包括拮据的預算、緊迫的時間、領導階層的更替、未經試煉的技術，以及相當程度的範疇膨脹（scope bloat）。

當然，事情很快開始出狀況，專案團隊錯過幾個里程碑，客戶很不爽，團隊士氣低迷。反省之餘，團隊發現，無計畫地工作是錯過里程碑的最大因素，主要是因為不確定性及已知風險。事情需要改變。

就像任何一群聰明的工程師，團隊正面處理問題，解決辦法呢？修改故事地圖。

增加風險故事，將風險揭露出來

風險故事

非常瞭解產品的開發者針對他們的開發策略進行故事對照

活動
使用者任務
嵌入軟體的故事
通訊層的故事
使用者介面的故事

在相當程度上，他們增加故事地圖的對照頻率（frequency）與擬真性（fidelity）。藉著在每一個過渡性釋出版本上增加故事對照的頻率，他們料想識別出更多風險的可能性會提高。透過增加故事地圖的擬真性，包含「風險故事」（Risk Stories）（在一般的活動、任務和細節之外），他們預計風險能夠更妥善地被管理、討論及視覺化。

結果令人震驚。

團隊知道一般故事地圖的寬度和深度透露出專案的規模，並且明白穿過故事地圖的路徑數量是描述複雜度的好指標。然而，因為不確定性與風險先前並未被反映在故事地圖上，所以故事地圖並沒有描繪出要完成的實際工作量（包括學習及瞭解專案相關知識的工作）。

新的故事地圖，附帶著風險故事，妥善地描繪了前方道路的規模與複雜度。專案的規模與複雜度更清楚地被呈現出來，因為新的故事地圖涵蓋了原有的已知故事以及新的「未知故事」──風險，或者團隊要有信心地處理已知故事所必須掌握的知識。

如你預期，就計畫而言，故事地圖變得更有用處，它現在勾勒出團隊為克服風險與不確定性所需耗費的時間。能夠將這類時間整合到計畫中，讓團隊行為更加可預測並且更可靠。

附加利益包括一種切實可行的機制，可以用來量測及更新利害關係人對專案的瞭解，結合傳統的功能燃盡圖（burn-down chart），團隊將風險燃盡圖涵蓋進來，在功能實現的情況不理想時，讓客戶檢視有關風險燃盡的資料是特別有幫助的。

最後，團隊瞭解，增加故事對照的頻率並且增添風險故事，讓你的故事地圖更能夠反映出真實的狀況。

達文西會怎麼做？

我經常問自己這件事，好吧，實際上並沒有，但或許應該這麼問。

Mike 和 Aaron 所採取的是藝術家用以及時完成作品的策略。我已經將這個策略應用在軟體開發上許多年，而且，初次遇見 Globo.com 的朋友時，我發現他們也在使用，因為，如先前所述，假如他們延誤了針對奧運會所開發的酷炫互動機制，奧委會是不會將這場運動盛宴延期的。我猜想，這個策略也是你經常使用的，而且用起來得心應手。

請容我先解釋一下達文西不做什麼，但令人遺憾地，建造軟體的人們偏偏經常那麼做。

假定你是達文西，你想要畫一幅畫，並且採取天真軟體團隊的做法[1]。一開始，你心中可能有一個關於該畫作的清楚想像，接著，你將該畫作拆解成幾個部分，假設你有五天的時間畫這幅畫，每天你都會完成不同的部分，五天後，好哇！——完成了！再簡單不過吧？

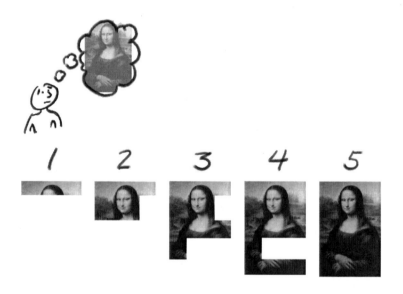

1　我從 John Armitage 於 2004 年撰寫的文章〈Are Agile Methods Good for Design?〉中借用這個簡單的具體實例。John 依此方式描述使用者經驗的設計，我想我可以將這個隱喻融入我們的例子。

確實簡單，只不過，事情並不是那樣運作的——至少對藝術家來說。這種建造方式假設我們的想像是正確且準確的，並且假設建造者的技術能夠精確地定義整體工作的各個部分，而不需要從上下文中檢視它們。如果你在軟體開發中這樣做，那被稱作漸增策略（*incremental strategy*）。這就是砌磚工人可能採取的砌牆方式，每個工作片段的大小都是很規則的，就是一塊磚。

小時候畫畫時，我往往會掉進這個陷阱。我經常畫某種動物，並且從頭開始，慢慢描，仔細畫，直到把它弄得很完美，再繼續畫其餘的部分——手腳、尾巴等等。接近完成時，我可能發現整隻動物的比例不大對，頭太大，或者身體太小，腿好像扭曲了一個奇怪的角度，姿勢似乎有點僵硬等等。無論如何，那至少是頗具天份之六歲小孩的觀點——六歲小孩全都是有天份的藝術家。

我後來學到，先針對整個佈局繪製草圖其實是比較好的做法，藉此方式，我能夠把比例弄正確，並且調整動物的姿態，甚至可能重新構思我要畫什麼。

我不認識達文西，但我料想他的做法應該就是這樣。

連達文西也可能承認他的想像並不完美，而且他會在創作當下學到某些東西。我想像，他在第一天先畫草圖，或許輕輕打一點底，接著，他在第二天修改構圖，「嘿，我想微笑將是重點，我要把她的手從嘴巴旁移開，而且，後面的山景…太繁複了。」

第三天，達文西增加了許多顏色，但仍然邊畫邊改。最後一天，他知道他沒時間了，所以全部心力都放在修整畫作上。可能有人在想，達文西是否刻意略掉蒙娜麗莎的眉毛，或者，只是耗盡時間，無法增加完整的新功能。

> 絕美的藝術從未被完成，只有被放棄。
>
> ─達文西

這段話引述自達文西，說明一個理念，我們永遠能夠精益求精，然而，在某個時間點，我們必須交付產品，而達文西和許多其他藝術家的作品都是很好的例子，我們（欣賞作品的人）根本不知道它被放棄了，對我們來說，它看起來就是完成的作品。

反覆與漸增

藝術家或作家以這種方法工作，事實上，製作早報或晚間新聞的人也是，甚至，創作現場演出之戲劇作品的人也不例外。任何必須準時交付產品並且邊做邊瞭解狀況的人都必須明白這個策略。

> 運用反覆式思維（*iterative thinking*）評估及
> 改變你已經做的東西。

在軟體開發中，反覆（*iterate*）有二個意思。從流程的觀點來看，它表示一再地重複相同的過程，因此，敏捷開發所使用的開發時間盒（time-box）經常被稱作反覆或迭代（*iteration*）。然而，當你使用這個術語描述你正在為你所建造的軟體做什麼時，就是要評估及改變它。而在軟體被建造後再改變它「太常」被視為一種失敗，壞需求（bad requirements）或範疇蔓延（scope creep）這類用語「太常」被用來譴責決定要建造什麼的人，但我們都明白，改變是學習的必然結果。

> 運用漸增式思維（*incremental thinking*）增添東西。

令人遺憾地，我們很容易落入反覆（iteration）的漩渦中，因此，我們必須留意時程表，並且以漸增的方式增添更多東西。藝術家不僅為畫作增添全新的東西，並且加強已經被加上的東西。

透過先建立具有基本功能的簡單版本，你可能在軟體裡做相同的事情，你可以將它想成是你的草圖。在使用簡單版本之後，你會透過為它添加更多功能而逐漸加強它，一段時間之後，它會逐漸強化成你跟其他人原本可能想像的完成版本，如果一切順利，它會強化成與你原本想像不太一樣的東西，而且會更好，因為它得益於你在過程中學習到的東西。

開局、中局與終局策略

我打算在此混用一些隱喻，雖然這可能會有點把你搞糊塗。在建造軟體時，我個人倚賴一種基於西洋棋隱喻的策略。我棋下得不好，對下棋之道所知甚少，因此，如有錯用，就不勞您寫信糾正我。不管產品或功能釋出的規模有多小，我喜歡將我的釋出待處理項目（release backlog）切割成三組：

開局（*opening game*）

聚焦在整個產品必要的功能或使用者步驟，聚焦在技術上具有挑戰性或風險性的事情。略過使用者可有可無的選用事項，略過在能夠釋出之前需要瞭解的複雜商業規則，僅建造足以看清產品從頭到尾運作所需要的基本事項。

中局（*midgame*）

填補並且完成功能，增加支援使用者可能採取之選用步驟的材料，實作那些麻煩的商業規則。如果你的開局工作順利完成，你就能夠開始從頭到尾地測試產品的效能、可擴展性及可用性等。這些全都是很難掌握的品質考量，我們必須瞭解它們，並且持續測試。

終局（*endgame*）

精煉你的釋出版本，讓它更具吸引力，用起來更有效率。因為你現在能夠以真實的資料及相當的規模使用它，在此，你可以看見很難從原型看到的改善機會，並且能夠從使用者那裡獲得實用的回饋意見。

在故事地圖上劃分你的開發策略

如果你相信你已經發掘出可提供給客戶及使用者的第一個釋出版本，就跟團隊一起將這個公開釋出版本進一步劃分成開局、中局及終局故事。創造產品的團隊最清楚風險與機會在哪裡，並且對他們一同建立的計畫抱持著最強烈的責任感。

那是 Aaron 和 Mike 借助於整個開發團隊幫忙而獲得的成果，瞧，他們看起來多開心。

全然關乎風險

在第 3 章中，Eric 必須處理產品鑑別錯誤的風險，他採取的策略是劃分出不同的釋出版本，構成最小可行產品實驗，反覆迭代，找出真正可行的產品。

在這一章裡，Aaron 和 Mike 聚焦於技術風險──那些東西可能破壞他們的交付時程，或者致使完成功能所耗費的時間遠超過預期。在每個循環結束時，他們並未將最後的結果呈現給客戶和使用者，因為他們知道它是不足的，但他們會跟團隊一起好好地檢視它，並且運用他們學到的東西，安全無虞地駕御這項功能的開發工作。

雖然細微，但在第 2 章中，你可能已經瞭解，Eric 採取兩個為期二週的 sprint，建造他的下一個最小可行產品實驗（minimum viable product experiment），他必須決定要在第一個 sprint 裡建造哪些東西，以及要在第二個 sprint 裡建造哪些東西。他使用這種思維進行相關決策。他與團隊先將蘊含風險的部分呈現出來──Eric 或他的團隊想要盡快看到實際運作情況的部分，以便在將產品呈現給客戶前進行方向上的調整。

現在呢？

你已經看過四個針對不同目的建造及使用故事地圖的好例子，我們還會在後面幾章中探索故事地圖的諸多使用方法，但在進一步探索之前，我想要告訴你關於故事對照我最喜歡教導別人的技巧。我保證，如果你試了，從此之後，你會像個專家般地進行故事對照。

讓我們邁入第 5 章吧。

你已經知道如何做

如果你認為建立使用者故事很複雜，很神祕，或者很困難，我在此向你保證，絕非如此。事實上，你已經瞭解用來建立故事地圖的所有基礎概念。現在，讓我們嘗試幾個日常生活的例子，而為求簡單，我們將使用你的生活中的例子。在整個過程中，針對你已經瞭解的重要概念，我會賦予它們一些名稱。

拿一疊便利貼和一支筆，跟著我做，別擔心——慢慢來，我會等你的。

準備好了嗎？

1. 一次一個步驟地寫出你的使用者故事

閉上你的眼睛，回想今晨醒來的時候。你*確實*有醒來，對吧？什麼是你回想到的第一件事？現在，張開你的眼睛，在便利貼上寫下它，我會跟你一起寫。我的第一個便利貼說，「再小睡片刻」（hit snooze），很遺憾地，情況通常如此，在感覺疲累的早晨，我可能必須折騰個二、三回。

現在，撕下那張便利貼，並且將它放在你面前的桌上。接著，回想下一件事情，有想到嗎？嗯，在下一張便利貼上寫下那件事，撕下它，並且放置在第一張旁邊，接著繼續往下走。我的下二張便利貼說，「關掉鬧鐘」（turn off alarm）以及「跟跟蹌蹌走進浴室」（stumble to the bathroom）。

繼續撰寫便利貼,直到你準備好去上班或做任何事。我通常以「上車」
(get into my car)出發去上班作為結束。我預期你會花 3 或 4 分鐘寫下
你的所有便利貼。

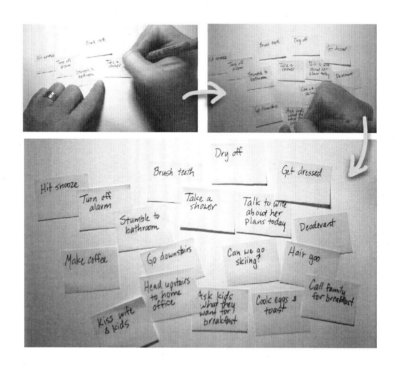

任務是我們做的事情

檢視一下你所撰寫的全部便利貼,看看它們是否皆以動詞開頭?嗯,幾
乎都是。「洗澡」(take a shower)與「刷牙」(brush teeth)這些動詞短
語都是任務(task),表示為了達成某個目標必須做的事情。當我們描述
人們為了達成某個目標使用我們的軟體所做的任務時,我們稱之為使用
者任務(user tasks),這是建造良好故事地圖的最重要概念——更不用說
是撰寫及述說良好故事的基礎。你會發現,故事地圖(關於人們使用你
的軟體來做什麼)裡的幾乎所有便利貼皆使用這類動詞短語。

現在,稍停一下,想想這有多容易,我請你寫下你所做的事情,那些任
務自然而然從你的大腦中浮現,我覺得這很酷,最重要的概念往往是最
自然的。

別太執著於任務（*task*）這個字。如果你是專案經理，你明白專案計畫充滿任務。如果你一直在使用敏捷開發的故事，你知道規劃工作牽涉到撰寫一堆開發及測試任務。如果你既不是專案經理，也不是軟體開發者，當你使用任務這個字時，請務必小心，因為其他人可能認為你是指他們平常在想的那種任務，並且會告訴你，你誤用了這個術語。

使用者任務是故事地圖的基本建構區塊。

現在，算算你所寫下的任務數量。

多數人大概寫了 15 到 25 個之間，如果你寫得比較多，那很好，如果你寫得比較少，老兄，你的生活很簡單，但願我也能夠那樣迅速確實地準備上班，但你可能會想回顧一下你的清單，看看是否漏掉什麼東西。

我的任務跟你的不一樣

我相信你不會覺得驚訝，然而，人們彼此不同，你會看到這些差異反映在他們的選擇上。

例如，某些人有動力且自律地幾乎每天早上運動，如果你寫了二、三個與運動有關的任務，你真的很棒！我還在天人交戰呢！

因為家庭等因素，某些人就是有更多的責任。如果你有小孩，我保證，你會寫下幾個為人父母者才有的任務。如果你有養狗，你可能有一、二個任務牽涉到照顧它。

切記，使用你的軟體的人們可能有不同的目標，他們可能在不同的情境下使用它，迫使他們將其他人事物納入考慮。

我只是比較細節導向

在這個練習中，有些人會遠比其他人寫出更多細節，他們可能將「準備早餐」寫成「把麵包放進烤麵包機」、「倒一杯果汁」，或者，像我老婆那樣，「加點甘藍菜到鮮果奶昔中」，那是我真的不喜歡她做的任務之一。

任務就像岩石（rock），如果你用鐵錘敲擊一塊大岩石，它會碎裂成一群較小的岩石，那些較小的岩石還是岩石，任務也是一樣。事實上，我不知道什麼樣的岩石才算大得足以被稱作巨石（boulder），或小得足以被稱作卵石（pebble），然而，有一個很酷的方法可被用來分辨小任務與大任務。

我的朋友 Alistair Cockburn 在他所寫的《*Writing Effective Use Cases*》（Addison-Wesley Professional）中描述了目標層級（*goal level*）的概念。別擔心，我們沒有要撰寫使用案例（use case），只是讓你知道這個概念在我們談論人類行為時真的很有用。

Alistair 使用海拔高度的隱喻，海平面在中間，其他東西高或低於海平面。海平面任務（sea-level task）是我們預期在特意停下來做其他事之前會先完成的任務。「洗澡」有在你的任務清單上嗎？那是海平面任務，因為你不會洗到一半，然後想著，「嘿，讓蓮蓬頭繼續沖吧，我要先喝杯咖啡，待會兒再繼續」。Alistair 稱這種事情為**功能層任務**（*functional-level task*），並且使用一點海波浪符號標示它們，但我簡單稱之為任務（task）。

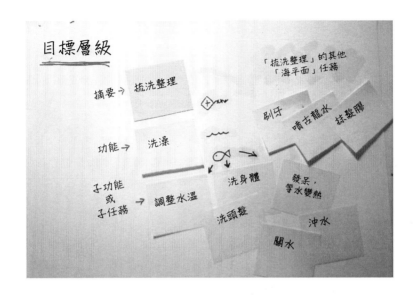

像「洗澡」這樣的任務被分解成許多較小的子任務（*subtask*），像是「調整水溫」與「洗頭髮」，我老婆還用絲瓜瓤去角質哩。記住，人不同，處理任務的行為就不同。Alistair 使用小魚標示這類任務，因為它們在海平面以下。

最後，我們可以把一群任務收攏成摘要層任務（*summary-level task*）。洗澡、刮鬍子、刷牙等早上起床後會做的清理工作可聚集成摘要層任務，但不確定我會把它稱作什麼。「梳洗整理」？「晨間洗禮」（morning ablutions）？「洗禮」聽起來有點嚴肅，不是很理想。

> 使用目標層級的概念幫助你聚集小任務
> 或者分解大任務。

2. 組織你的使用者故事

假如你還沒有做過這件事，請從左到右組織你的任務，先做的事情放在左邊，後做的事情放在右邊。

試著透過指著第一張便利貼說故事，「首先，我做這件事」，然後，指著下一張便利貼說，「接著，我做這件事」，繼續下去，由左至右述說你的使用者故事。

可以看見，每一張便利貼都是一個步驟（step），隱藏在每張便利貼之間的是一小段連接語「…，接著，我…」

我將這個從左到右的順序稱作**敘事流**（*narrative flow*），這是「說故事的順序」的另一種時髦講法，我們會將這整件事稱作**故事地圖**（*map*），而敘事流就是故事地圖中從左到右的軸線（axis）。

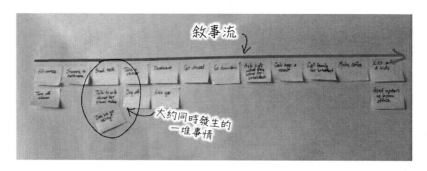

哇，我的敘事流變得相當寬廣，我開始將大約同時發生的事情堆置在一起。在佈置敘事流的過程中，我發現我漏掉一些細節，我試著判斷它們是否要緊。

**故事地圖藉著敘事流從左到右被組織起來：
敘事流是你講述使用者故事的順序。**

填補被遺漏的細節

關於安排便利貼很棒的一點是，它讓我們看見整體圖像，以敘事流組織而成的使用者故事讓你輕易地看出被遺漏的部分。

回顧逐漸增長的故事地圖，尋找可能被遺漏的步驟。

我只再增加幾個，有許多細節在海平面以下，我決定不寫出來，硬要寫的話，可能有幾百張便利貼。

3. 探索替代故事

目前為止，我們所談的內容再明顯不過，對吧？幾乎不值得花篇幅來說明，但是，請等一下，事情就要變有趣了。

花一分鐘想想你昨天早上做了什麼，如果有不同於今天早上所做的事情，就將它們寫下來，並且添加到你的故事地圖。

想一想有事情出錯的早晨，萬一沒熱水呢？你要怎麼辦？萬一沒牛奶或穀片，或者你通常當作早餐的東西呢？萬一你的女兒突然驚慌失措，因為她忘了寫今天要交的功課呢？這些都是偶爾發生在我家的事情，然後呢？針對你會怎麼做，寫下任務，並且將它們添加到故事地圖。

現在，考慮你的理想早晨，什麼樣的早晨是完美的？對我來說，做一些運動，然後悠閒地吃著早餐，同時讀點輕鬆的東西，但那樣的話，我就必須很早起來，並停止賴床。

另外，注意，你會想要把一些任務放進同一欄，不僅是為了節省空間，也是因為它們類似於你平常可能做的其他任務。例如，你可能發現有些任務是為了準備豐盛的早餐，你可以將它們跟準備簡單早餐的任務放在一起。

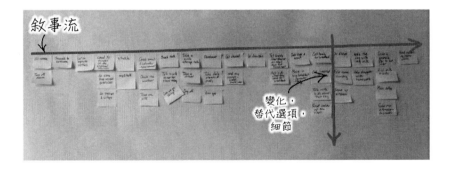

我的朋友 David Hussman 稱此為 "playing What-About"（玩「…如何？」的遊戲），你可能還記得第 2 章與第 3 章有提到這個用語，令人遺憾地，這個遊戲可能玩很久，並且讓故事地圖變得很龐大。接著，我再為故事地圖增加幾件事，特別是我希望做的事情，像是運動或者邊吃邊讀點輕鬆的東西。另外，我也增加幾個經常在早晨發生的替代選項。

細節、變化、例外和替代選項填補了
故事地圖的主體。

保持敘事流

注意，開始增加這些新任務時，你可能必須重新組織你的敘事流。我知道，我確實這麼做，例如，我必須將運動放在起床與洗澡之間，而且我必須增加「穿上運動服」（put on exercise clothes），那跟洗澡之後的「著裝」（get dressed）不一樣。

如果你放輕鬆，並且把事情放在看起來頗自然的地方，你會發現，敘事流感覺上會比較正確。現在，在講述故事時，你會發覺，講述的方式有很多，你可以講述典型的日常故事，絕妙的日常故事，以及出了一、二個緊急狀況的故事──在你從左到右講述不同故事時，你會指著不同便利貼，試著使用其他連接語來串接你的任務，你可以說「我通常做這個，但有時做這個」或「我做這個，或這個，然後這個」（我期望你使用實際的事情來取代「這個」）。

我小時候，有一系列很受歡迎的童書，叫作《Choose Your Own Adventure》（選擇你自己的冒險故事），也許你還記得，故事的進行模式是，當你讀到某一段結尾時，你必須選擇故事主角接下來要做什麼事。每個選項後面都是一個頁號，一旦選定，就翻到那一頁，繼續讀下去。說真的，我並不是那些書籍的粉絲，不管我做了什麼選擇，最後的結局好像都一樣；似乎沒有足夠的選項可以產生很棒的冒險。故事地圖的運作方式有點像那樣，但比較好，穿過故事地圖的路線數量幾乎是無限的──如果考慮到人們使用軟體產品達成目標的可能模式，這其實是相當正確的。

如果你想要讓事情真正具有挑戰性，就找幾個同事一起做這個練習，你會更加瞭解你的同事，超出你想要知道的範圍，而且，在尋找大家都同意的敘事流時，你會發現一些樂趣，在此，「樂趣」的意思是指「爭論」。總是有人先吃早餐，再洗澡，也有人先洗澡。刷牙也有相當大的爭議──你是在早餐前或早餐後刷牙？或者前後都刷？

放輕鬆。

即使有爭論，可能也不要緊，例如，先吃早餐或先洗澡只是個人偏好，就選擇你的團隊最常採用的做法吧。另外，你會發現人們不爭論確實要緊的事情，例如，先「洗澡」再「著裝」就不是個人偏好的問題，要是順序不對，結果可能是穿著濕搭搭的衣服去上班。

4. 萃取地圖菁華以產生骨幹

現在，你的故事地圖看起來應該相當寬廣，如果你探索過諸多選項，或許還會有點深，可能包含三十個以上的任務，看起來應該很像某種奇幻動物的脊梁與肋骨。

如果你後退一點，從左到右瀏覽你的地圖，會發現有幾群故事好像聚集在一起——例如，為了梳洗整理而在浴室裡做的事情，為了準備早餐而在廚房裡做的事情，或者，在出門之前，看天氣預報，拿一件外套，帶上筆電或其他東西等瑣事。你可以看到一群群的任務好像聚集在一起，幫助你達成更大的目標？

在每一群類似的便利貼之上，加上其他顏色的便利貼，寫上動詞短語，從它下面的任務中萃取出菁華。

如果你沒有其他顏色的便利貼，告訴你一個秘訣，每疊便利貼都有兩種形狀！將它旋轉 45 度，哈，不就是菱形了嘛，如果想要讓便利貼看起來不一樣，就可以使用這個技巧。

這些便利貼具有更高目標層級的任務，被稱作*活動*（*activity*）。為了達成特定目標，活動將一群由同類人在類似時間進行的任務組織起來。當你橫跨地圖頂端讀取活動時，它們也是在敘事流裡，這一排便利貼就是故事地圖的骨幹（backbone）。如果你的地圖裡有大量便利貼，而且你想要分享它，開始著手的好方法就是講述高階的故事，只讀取地圖的骨幹，並且在每個活動之間加上連接語，「⋯接著，他們⋯」。

活動將朝向共同目標的各個任務組織起來。

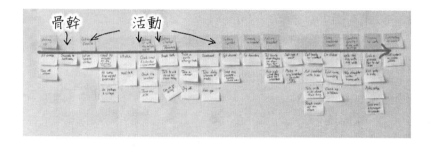

我為地圖增加一些活動，產生骨幹，讓讀取及尋找資訊更加容易，至少對我來說是這樣，而且它讓我比較容易針對早晨發生了哪些事，真正掌握住整體的圖像。

活動及高階任務形成故事地圖的骨幹。

活動似乎比較沒有共通的名稱（像任務那樣），例如，你稱離家之前所做的那件事情為什麼？拿包包，找購物清單，看天氣預報，必要時帶把雨傘？我可能稱之為「收拾細軟」，你或許會有不同的說法。

在為你的產品和客戶建立這些東西時，你會想要遵循客戶慣用的名稱。

5. 切割出幫助你達成特定成果的任務

現在，讓我們說明最棒的部分——在此，你可以利用故事地圖幫助你想像沒發生的事情。

如果檢視已經建立的地圖，你或許會在左邊某處看到「再小睡片刻」（hit snooze）或「關掉鬧鐘」（turn off alarm）。想像一下，你在今天早晨略過它，因為你昨天晚上忘記設鬧鐘，你睜開眼睛，看到時鐘，發現你必須在幾分鐘之內出現在某處，你就要遲到了！別慌張——我們只是假裝。

於便利貼上寫下「在幾分鐘之內出門」（get out the door in a few minutes），並且將它安置在地圖左側接近頂端的地方。現在，想像有一條線從左至右橫切過地圖中間——有點像是一條帶子。如果你想要達成「在幾分鐘之內出門」的目標，請將所有不相干的任務都移到那條線以下。不要移除任何活動，即使它們下面沒有留下任何任務。保留下面沒有任務的活動，突顯出達成上述目標並不需要進行這些活動。

你可能只會在頂端分割裡留下一些任務。現在，回到敘事流，補上如果遲到你會做的並且被漏掉的任務。例如，你通常會洗個澡，但是當你遲到時，你會增加「洗把臉」或「使用毛巾擦拭有體味的部分」之類的任務。在與一群開發者討論這項活動時，我經常會看到「使用除臭劑」這項任務。沒有批判的意思，我只是在陳述事實。

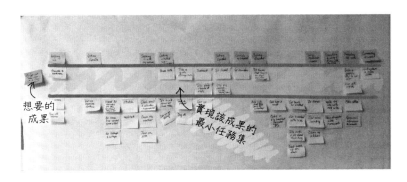

想要的
成果

實現該成果的
最小任務集

劃分故事地圖，找出為了「在幾分鐘之內出門」需要執行的任務。

你可以透過將不同的目標放在地圖左側，試試這項技巧，像是「最豪華的早晨」或者「出發去度假二週」。你會發現敘事流還是相當管用，但是，你必須增加或移除任務，幫助你達成不同的目標。

利用分割識別出與特定成果相關的
所有任務與細節。

就是這樣！你已經學到所有重要概念

真的很簡單，沒錯吧？在建造這張地圖的過程中，你學到：

- **任務**是描述人們做什麼的動詞短語。
- 任務具有不同的**目標層級**。
- 地圖裡的任務被安排在由左至右的**敘事流**裡。
- 地圖的**深度**包含變化與替代任務。
- 橫跨地圖頂端的**活動**將任務組織起來。
- 活動形成地圖的**骨幹**。
- 你能夠**切割**地圖，識別出達成特定成果所需的任務。

務必要在家試試，或在上班時

現在，我相信你們當中有許多人只是閱讀，而沒有真的邊讀邊進行故事對照。別以為我沒注意。如果你是那些偷懶者之一，答應我，你一定會試試。這是我在教導故事對照基本概念時最喜歡採用的方式，非常簡單。如果你的組織正在第一次嘗試故事對照，找一小群人，好好進行這個練習，你們會學到扎實的基本功，並且即將能夠針對任何事情進行故事對照。

工作前需要先洗澡嗎？

Rick Cusick，Reading Plus，Winooski，Vermont

我們跟四個開發者、產品負責人、測試者、UX 小組長、以及兩個產品訓練師針對晨間活動進行故事對照練習。分成兩組，我們迅速捕捉每個人的晨間活動，然後重新排列並且組織出一個「一般晨間活動」。大家都很喜歡建造故事地圖，即使以前從未做過，或者從不認為這跟產品建造有關。

在練習時，我的目標是提昇「將工作具象化」的效率，闡明組織故事地圖為何有助於團隊建立共識，並且充分利用「以可理解之形式檢視操作體驗」的價值。然而，意外的好處是：緊密合作所產生的正向效應——團隊一同參與專案，合作無間，其目標透過工作本身，以及彼此間孕育出的同理心而被彰顯出來。「我不曉得你每天載小孩上學。」「你在上班之前做瑜珈？」「我不能不吃早餐——我會無精打采！」。

某些事件會讓人覺得困惑，搞不清楚是同時發生或者有因果關係。「假如我在喝咖啡時看報紙，那算一個或二個便利貼？」「每週五，我老婆會載小孩上學，我如何描述那件事？」另一個挑戰是，從左至右的故事地圖具有線性的本質，無法捕捉到所有的可能性。身為促進者（facilitator），我發現，在練習期間看到那些思維逐步進展著實令人感到開心，即使我當下並沒有一切答案。

在我們賦予活動優先順序時，某些困難的選擇產生了喜劇的效果，「工作前需要先洗澡嗎？」就是一個有趣的例子。「不管我們刪除什麼東西，我們還是得醒來、穿衣服，並且開車去上班」，某個參與者陳述這項事實，另一個參與者迅速回應，「除非你在家工作！」

在這個練習之後不久，故事地圖成為我們最喜歡的機制，我們用它來溝通經驗，賦予使用者故事優先順序，並且為迭代與釋出版本安排時程。故事地圖儼然成為公司的溝通語言和開發文化，並且持續至今。

在跟組織中的諸多團隊做過相同練習之後，我學到的一個經驗是：運用「破題」的方式，幫助參與者調整好心態。在討論一開始，讓每個人寫下在起床後與上班前所做的一件事，然後請每個人回答這個問題：「你為什麼採取這個行動？」我發現，這為後續的規劃討論創造了很好的開始：「這個使用者故事的價值是什麼？我們的使用者為什麼會做這件事？」

那是現在的地圖，而非以後的地圖

我猜想你們當中有些人已經充分掌握這個練習，然而，你們剛剛建立的地圖跟前四章建立的地圖具有根本的差別。Gary、Globo.com、Eric，以及 Mike 與 Aaron 建立的地圖全都在想像使用者未來將如何使用他們的產品——*以後*，在產品被交付之後，他們寫下他們想像人們使用其產品時會做的任務與活動，但你所建立的是一個關於你*現在*（事實上，今天早晨）如何做事情的地圖。而事實證明，兩者的概念都是相同的，所以別擔心，我並沒有浪費你的時間。

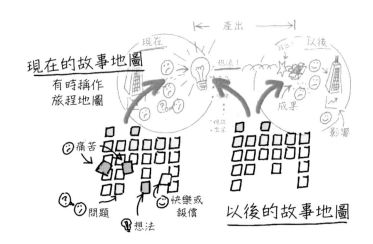

關於「現在的故事地圖」，有一件很棒的事情是：你可以建造它們，更清楚地理解人們目前如何工作。你剛剛做過這件事，瞭解今天早晨如何準備出門。假如回頭為該故事地圖增添其他東西，你甚至能夠瞭解更多資訊。可以增加的簡單事項為：

痛苦

行不通的事情，人們討厭的部分。

快樂或報償

有趣的事情，值得做的事情。

問題

人們為什麼做這件事？做這件事會有什麼結果？

想法

人們可能做的事，或者，我們可能建造來讓人們去除痛苦或得到快樂的事。

多年來，在 UX 社群裡，許多人一直在建造這些東西，以便更清楚地理解他們的使用者，它們有時候被稱作旅程地圖（*journey map*），但基本概念都一樣。

實際試試

2000 年代初期，我在一家名為 Tomax 的小公司帶領一個團隊，我們為實體零售商（有別於提供線上購物服務的虛擬零售商）建造軟體——我們有一個新客戶在經營大型連鎖式的油漆及室內裝潢公司。當時，我們相當瞭解零售業——零售業者在銷售點販售物品，並且管理庫存——但是，油漆及室內裝潢公司有些事情是我們不太懂的，例如，我們不知道如何販售調色漆或訂製窗簾，而且，我們必須迅速弄清楚。

為了幫助理解，我們請求這三位女士協助，她們不是軟體人，而是為該公司工作的室內設計師，從她們身上，我們學到了販售訂製窗簾的複雜細節。為了加速學習，我們要求她們回想上一次販售訂製窗簾的情形，我們要求她們寫下做過的每一件事——從客戶與她們聯繫開始，一直到窗簾安裝完畢且客戶感到滿意。聽起來應該很熟悉吧，因為我們要她們

做的事情，就跟你們剛剛針對晨間活動進行故事對照時所做的一樣——做法幾乎相同。她們可能將她們做的事情簡單命名為販售訂製窗簾，就跟你們先前的命名方式一樣容易，並且，在組織她們的任務時，我們瞭解，其實沒有固定一種方式，每個人的做法與順序都不太一樣。如果你與一小群人試著針對晨間活動進行故事對照，你也會發現相同的事實。

從簡單的述說故事與故事對照中，針對她們目前的工作方式，我們建立了共同的理解，從這裡，我們可以開始將這個地圖轉化成他們在稍後要建造的軟體中必須做的事。

就軟體而言，事情會困難一些

相信我，如果你是軟體專業人士，可能得花一些時間停下來討論功能與畫面，並且開始撰寫動詞短語，說明人們實際上正試著做什麼。持續練習，你會掌握到訣竅的。

如果你不確切地瞭解你的使用者是誰，他們試著完成什麼或如何進行，這件事會變得相當棘手。很不幸地，試著在這種情況下建造故事地圖只會揭露出你不知道的事情，如果這是你的情況，你就必須更深入地瞭解人們以及他們所做的事情。比較好的做法是，直接與他們合作，一起建立故事地圖。

故事對照的六個簡單步驟

我可以將最後這四章歸結成六個步驟。你可能在想，幹嘛不一開始就那樣做？事實上，如此一來，我就會略過一些思考脈絡，只提供你一些必需品，那樣是絕對行不通的。

雖然我知道有許多正確方法可以建立及使用故事地圖，但我發現下面的六步驟流程最合我的脾胃：

1. 構思問題。產品給誰用？為什麼要建造？

2. 描繪及對照整體圖像。聚焦於寬度，而非深度。探查一英里寬和一英寸深（或者一公里寬和一公分深，針對使用公制的朋友）。如果你的心裡沒有清晰的解決方案，即使你認為你有，試著如實地針對現狀進行故事對照，涵蓋使用者的痛苦和快樂。

3. **探索**。深入討論其他類型的使用者與人們可能還能怎麼做、以及何種事情會（可能會）出錯。除此之外，繪製草圖，製作原型，進行測試，並且改善解決方案的相關想法——在進行這些工作時，改變並精煉你的故事地圖。

4. **分割出釋出策略**。記住：總是有太多東西以至於無法建造。聚焦於公司試圖達成的目標以及產品企圖服務的人們，將不必要的東西切除，揭露最小的解決方案，既能讓人們高興，又可幫助你的組織達到它的目標。

5. **分割出學習策略**。你可能已經辨識出你的想法是最小可行解決方案，但別忘了，那只是假設，直到你證實它。利用故事地圖與討論，幫助你找出最大的風險。從故事地圖分割出較精簡的最小可行產品實驗，你可以將它們呈現在某個使用者子集面前，瞭解對他們真正有價值的東西是什麼。

6. **分割出開發策略**。如果你已經切除**不**需要交付的東西，剩下的就是你**確實**需要的東西。現在，將你的最小可行解決方案分割成你想要先建構及後建構的不同部分，切記，早一點聚焦於幫助你盡快瞭解技術議題與開發風險的事情。

故事地圖只是開始

建造故事地圖幫助你看見整體圖像，見樹又見林，那是故事對照的最大好處之一，然而，如果你是負責造林的人，你還是必須一棵樹一棵樹地處理。你已經學到讓故事有效運作的最重要兩件事：

- 使用文字與圖像述說故事，建立共同的理解。
- 不只討論要建造什麼：還要討論誰會使用它，以及為什麼這樣能夠最小化產出、最大化成果。

將這些事情牢記在心，隨著你往前走，一切將漸漸落實。

現在，讓我們討論「一棵一棵」地運用故事的一些戰術，因為很多事情可能出錯，而且，還有一些事情是妥善利用故事所必須知道的。

SAP 的使用者故事對照——全然關乎擴展

Andrea Schmieden

當 Jeff 第一次提出使用者故事對照時，這個概念立刻在 SAP 引起共鳴，它似乎是既簡單又強大的方法，可以將產品願景（vision）轉變成待處理項目（backlog），並且讓我們瞭解即將開發什麼、為誰開發，以及為什麼開發，因此，我們決定試一試。

然而，我們很快發現，單一企業家或個別 Scrum 團隊覺得簡單的事情，對於由幾個 Scrum 團隊組成的產品開發團隊來說，可能是完全不同的巨獸。在 SAP，龐大的開發組織大約包含 20,000 個開發者，大型產品開發團隊之間彼此依賴是常態，而非例外，我們必須想出可靠的方法，將使用者故事對照擴展到龐大的組織。

挑戰

因此，我們的挑戰是雙重的：

* 我們如何對照複雜的產品，而不會迷失在大量的便利貼裡？
* 我們如何在開發組織裡推展這個方法，讓人們使用它？

1. 大型產品的使用者故事對照

為了找到第一個問題的答案，我們決定利用實際的專案，執行幾個試驗性的研習會（workshop）。我們從一小群熱心的教練以及大約 10 個試驗性的專案開始，最大的一個包含 14 個 Scrum 團隊！在這個試驗性的階段裡，我們在幾個面向上改變這個方法，例如，研習會的形式、內容、專案階段、地圖格式等等。在幾輪回饋與迭代之後，我們獲得一組相當不錯的實務做法，就現在而言，那似乎很適合用在我們的大規模開發情境。

重要的良好實務

在團隊剛開始操作使用者故事對照時，我們建議讓有經驗的教練參與。教練安排會議，討論研習會的目標、要邀請誰、議程、相關輸入等等。通常，我們會跟整個團隊進行一天的研習會，接著，視需要安排幾個較小的後續議程。

研習會當天，我們通常從產品願景練習開始，像是著名的 Elevator Pitch 或 Cover Story（*http://gamestorming.com/?s=cover+story*）[1] 形式，依此，團隊描述他們想要從一年後的業內期刊文章中閱讀到什麼樣的產品資訊。這透露出團隊在大方向上是否具有共識，或者，是否可能需要投注一些額外的研究（例如，額外的訪談、原型測試等等）。

下一步是檢視產品的典型使用者。如果研習會的目標是指明詳細的待處理項目（backlog），使用者角色或角色模型（personas）就應該來自於使用者研究階段（user research phase）。如果專案尚處於早期階段，團隊寫下他們的假設，接著，這些假設便能夠在使用者研究階段中被測試。經過證明，這確實是準備使用者研究的好方法，也是設計思考（design thinking）實務與使用者故事對照合作無間的好地方。

接下來，我們使用三層法（three-tier approach）定義故事地圖與使用者故事：(1) 從高階使用步驟（usage step）開始，這些步驟根據每個使用者角色被分解成 (2) 較細緻的活動（activity），接著，這些活動被分解成 (3) 具體的使用者故事，格式為：「*身為 < 角色 >，我想要 < 功能性 >，以便獲得 < 價值 >。*」（*as <role>, I want <functionality>, so that <value>*）這些使用者故事構成基本的產品待處理項目（product backlog）。三層法對較大型專案特別有用，在每個分層，團隊能夠決定哪裡要深入細節、哪裡要考慮對其他團隊的依賴。這種做法有助於聚焦在手邊的關鍵開發任務，同時將整體圖像謹記於心。

為了讓故事地圖更容易被理解，我們針對與個別角色有關的活動和使用者故事使用彩色的便利貼，如下圖所示。[譯註]

---

1 Cover Story 是《革新遊戲》（*http://gamestorming.com/?s=cover+stor*）（Dave Gray 等著，O'Reilly）一書中的諸多絕佳實務之一。

[譯註] 橫軸是使用步驟（usage step），縱軸是使用者角色（user role）或角色模型（personas）。

經常，在團隊建立故事地圖時，額外的面向浮現，像是「白點」（white spots），在那裡，團隊需要做更多研究，或者處理一些懸而未決的問題、依賴性或間隙。為了突顯這些議題，我們使用不同顏色或尺寸的便利貼。起初，把這些未決的問題全放在故事地圖上，看起來似乎有點尷尬，不過，根據我們的經驗，這是故事對照過程中最有用的面向之一：針對需要進一步澄清的事情取得誠實且具體的印象。在議題浮上檯面之後，處理起來就容易多了。

當團隊達到合理的仔細程度時，我們在待處理項目裡賦予使用者故事優先順序。取決於專案的規模與所在的階段，有時候，這甚至是在活動層級上達成的，而不是在使用者故事的層級。我們通常運用簡單的投票技術來處理這個問題，像是記點投票表決（dot voting），但有時我們使用簡化的狩野模型（Kano model）來投票，那意味著團隊會將使用者故事標示為 "Must haves"（必須有）、"Delighters"（讓人高興的東西）或 "Satisfiers"（讓人滿意的東西）。這些簡單的投票結果又是進一步跟利害關係人進行校準與驗證的良好基礎。

如我們的一位產品負責人所述，「身為產品負責人，你經常面對一項挑戰——必須將大量需求塞進非常緊湊的時間表。我們邀請客戶參加為期一天的使用者故事對照研習會，事實證明，這是一種非常有效果且有效率的方法，讓大家針對需求的優先順序取得共識。」

進一步的細節、更詳細的工作量估計等資訊通常不屬於該研習會的討論範疇，而是之後再交由較小的群組去討論。

2. 擴展使用者故事對照

為了擴展及推廣這個方法，最初的教練團提供了一些輔助材料，像是基於 Excel 的地圖模板、角色模板、標準的研習會議程、wiki 文章，以及關於方法描述的「速查表」。另外，某種使用者故事對照的內部工具也正被開發中。

不過，輔助材料是一回事，經營研習會又是另一回事。因此，再一次，我們強烈建議讓有經驗的教練參與這個過程。為了提供足夠的教練，最初的教練團訓練了更多的教練，這些「資淺教練」與資深教練一同參加研習會，主導個別的會議，然後獨立承辦研習會。我們也在全球各地的 SAP 開發據點舉行研習會及講師訓練營，為了確保我們從其他人身上、從各種經驗中學到東西，我們實作了全球性的網路協助機制，藉此，透過 wiki 頁面與實務社群（communities of practice）的協助，教練能夠分享問題以及良好的實務經驗。最後但並非最不重要的一點是，我們從與 Jeff 的密切交流中獲益良多。

我們成功地推廣了使用者故事對照的方法，我們在不同的單位和據點舉辦超過 200 場的研習會，現在，大多數團隊都能夠獨立且成功地進行使用者故事對照。

第六章

關於使用者故事的真實故事

故事對照是非常簡單的想法,利用簡單的故事地圖,你可以跟其他人協同合作講述產品的故事,並看清楚整體圖像,接著,你分割整體圖像,進行良好的規劃決策。底層所蘊涵的簡單概念就是敏捷開發的使用者故事。

Kent 的極簡想法

使用者故事的想法出自於 Kent Beck,一個非常聰明的人。Kent 在 90 年代後期與其他人合作從事軟體開發工作,他注意到軟體開發的最大問題之一源自於使用文件確切描述需求(requirement)的傳統方法。現在,你知道那種做法有問題,不同的人對相同的文件會產生不同的想像,但他們還是會在文件上「簽名」表示同意。

很高興大家都同意。

稍後，當我們深入軟體開發活動時 —— 或甚至更晚，在軟體被交付之後 —— 我們發現我們想的根本不是同一回事。許多人稱此為對「不良需求」欠缺共識。

請容我在這裡抒發一下。我有幸與許多團隊合作，我們經常從討論他們的最大挑戰開始，我最常聽到的一個困難就是「不良需求」，然後，大家的矛頭指向那份文件，該文件的作者感覺不舒服 —— 彷彿他應該寫得更多或更少，或者使用某種酷炫的需求技術。最初，那些簽名同意的人感到難過，接著，他們開始覺得憤怒，「你不應該期望我詳讀每個細節！畢竟，我們談論了好幾天，我以為你明白我的意思。我根本無法瞭解你的蠢需求文件。」而且，建造軟體的人覺得很傻眼，他們千辛萬苦地解讀那些意義含糊的文件，結果還是建造出錯誤的東西。最後，每個人都憎惡那份文件，但我們還是繼續嘗試把它寫得更好。

我們閱讀相同的文件，但具有不同的理解。

然而，誤解文件只是一半的問題。我們浪費許多時間和金錢建造該文件所描述的東西，稍後卻發現，建造的軟體跟實際想要的東西非常不一樣。你沒有聽錯，那些文件經常準確地描述錯誤的事情。文件通常描述我們需要的東西，但未說明我們為什麼需要它。如果軟體建造者能夠跟某個熟悉軟體使用者的人對話，並且瞭解他們為什麼會使用它，通常就

能夠省下許多成本，並且讓使用者感到開心。如果沒有對話，我們就是無法瞭解它。

> 最好的解決方案來自於協同合作──
> 在有問題要解決的人與能夠解決問題的人之間。

Kent 的簡單想法是停止它──停止努力撰寫完美的文件，並且將大家聚集起來，一同述說故事。故事這個名稱不是源自於它們應該如何被撰寫，而是應該如何被使用。讓我用更多感情來重述這句話。現在，你應該停下手邊的工作，高聲朗誦這句話：

> 故事這個名稱源自於它們應該如何被使用，
> 而不是你試圖寫下什麼。

Kent 的想法很單純。假如我們聚在一起，討論要用軟體解決的問題、誰會使用它，以及為什麼使用，就能夠一起找出解決方案，並且在過程中建立共同的理解。

單純不是容易

不久以前，我開始注意到整個使用者故事變得有點偏頗；亦即，許多寫書、教學，及使用它們的人都把焦點聚集在撰寫故事的活動上。我不時地被問到怎樣寫出良好的使用者故事，如果每次被問到這個問題時，我都能夠掙得幾毛錢的話，我甚至會比幾章以前還要發達、闊氣。

因為大家都把焦點放在撰寫故事上，我回頭詢問 Kent，確認我沒有弄錯他的意思，在幾番電子郵件往來中，Kent 解釋這個想法的由來：

> 我想到的是使用者述說故事的方式，使用者有時會描述他們使用軟體做什麼酷炫新鮮事，例如，如果我鍵入郵遞區號，它就會自動填上城市和州名，完全不需要我觸碰任何按鈕。
>
> 我認為那是引發想法的例子，如果你能夠講述關於軟體用途的故事，並且在聆聽者的心中觸發興趣及勾勒願景，那麼，為何不在軟體做它之前先述說故事呢？
>
> ── Kent Beck，個人電子郵件，2010 年 8 月

因此，關鍵想法是**述說**，如果能夠在聆聽者的心中產生能量、引發興趣並勾勒願景，就知道你的做法是對的，那正是重點所在，而且，聽起來遠比閱讀典型的需求文件有趣多了[1]。

然而，開始利用故事進行軟體開發的人——他們的腦袋裡還殘存著傳統的流程模型——傾向於聚焦在撰寫的部分。我看過某些團隊利用故事撰寫來取代傳統的需求流程，接著，在試圖撰寫故事精確傳達應該建造什麼的過程中深感挫折。如果你現在正那樣做，請馬上停止。

> 如果你們不聚在一起，針對故事進行熱烈討論，
> 就不是在實際運用使用者故事。

Ron Jeffries 與 3 個 C

在《*Extreme Programming Installed*》（Addison-Wesley Longman Publishing）一書中，Ron Jeffries 等人精闢地闡述了故事流程：

Card（卡片）

　　將你想要在軟體中看到的東西寫在一群索引卡（index card）裡。

Conversation（對話）

　　大家聚在一起，針對要建造什麼軟體充分進行對話。

Confirmation（確認）

　　針對將如何確認軟體完成取得共識。

如果聽起來很單純，那是因為事實如此，但切記，單純不等同容易。

1　證據顯示，以故事包裝過的事實遠比平鋪直述的事實更令人難忘——根據心理學家 Jerome Bruner 的說法，難忘程度大約有 22 倍。

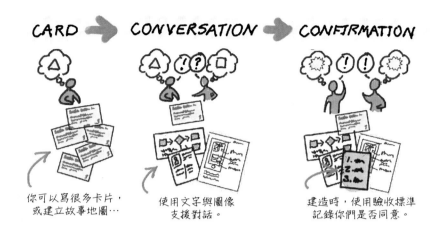

你可以寫很多卡片，
或建立故事地圖…

使用文字與圖像
支援對話。

建造時，使用驗收標準
記錄你們是否同意。

1. Card（卡片）

想像你負責跟某個團隊合作建造軟體，盡可能地想像該軟體；接著，針對使用者想要利用該產品做的每一件事，撰寫一張卡片；最後，你會得到一群卡片。Kent 的原始想法是將它們寫在索引卡上，因為在桌上組織一群卡片並不難，那樣比較容易指定優先順序，或者將它們組織成幫助你看到整體圖像的結構──就像是故事地圖，當然。

描述整體產品（或者我們想要對既有產品做的所有變更）的這群卡片被稱作產品待處理項目（*product backlog*），這個術語源自於敏捷流程Scrum。某人曾說，「我討厭待處理項目這個詞，我們甚至還沒開始建造軟體呢，聽起來好像進度已經落後了！」我不確定是否有更好的名稱可以用在這群故事上，假如你有想到什麼好點子，請自便，並且讓我知道。

2. Conversation（對話）

對話可能從描述你在想什麼開始，聆聽者可能根據聽到的話語在他的腦海裡形成想法。因為很難完美闡釋某事，並且因為我們很容易根據過去的經驗想像出不同的東西，聆聽者想的可能跟你不一樣。這就是問題所在。

然而，因為是對話，聆聽者能夠詢問問題，來來回回，修正理解，進而幫助每個人達成某種共識。

在傳統軟體流程裡，需求負責人的目標是正確地寫下它們；而對即將建造軟體的人來說，目標是正確地理解它們。另一方面，因為這是故事驅動的流程，你們的目標是：協同合作，瞭解軟體要解決的問題，並且盡可能妥善地解決它，最後雙方必須形成共識，同意要建造什麼才能夠幫助產品的使用者。

請容我重述，因為這真的很重要：

> 故事對話全然關乎協同合作，
> 理解軟體要解決的問題，
> 並且找出最好的解決方案。

3. Confirmation（確認）

這些對話棒呆了，但最終還是要建造某種軟體，對吧？因此，當我們覺得好像收斂到某個良好的解決方案時，就必須開始聚焦在下面這些問題的答案：

如果我們建造了我們同意的內容，那要檢查什麼才能確認我們有完成？

　　這個問題的答案通常是一個簡短的檢查清單，這個清單經常被稱作驗收標準（*acceptance criteria*）或故事測試（*story tests*）。

稍後在產品審查（*product review*）中驗證產品時，我們將如何做？

　　這個問題的答案經常揭露一些漏洞，例如，你能夠讓軟體運作，但為了證明它，你必須實際操作某些真實的資料，討論如何演示與證明可能會為你的驗收標準增加幾個項目。

文字與圖像

達成共識的道路不是僅由卡片與豐富的肢體語言鋪設而成的，假如包含一些具體的東西，對話就會進行得更順利，像是簡單的角色模型、工作流圖解、UI草圖，以及其他能夠幫忙解釋事情的傳統軟體模型。那樣的話，你就不必單靠豐富的手勢——還可以參照一些具體的東西。無論我們將什麼帶進對話裡，我們會標示、記述、修正及改變，我們甚至會在對話當下建立許多東西。使用白板（whiteboard）與白板掛紙（flipchart paper），在你離開之前，別忘了拍攝一些「度假照片」[譯註]。對你所建立的東西拍攝照片，將幫助你回想所有的對話細節，那些是很難用筆記錄下來的。

好的故事對話包含許多文字與圖像。

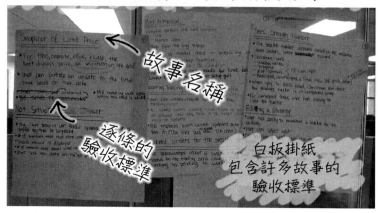

在對話期間，將你們決議的驗收標準清楚地記錄下來。這個團隊使用白板掛紙在對話過程中進行記錄。

就是這樣

就是這樣，這就是 Kent 的極簡想法，而且，如果你照著做，我保證它會帶給你很大的改變。

除非你未如實奉行。

對於習慣以老方法工作的人來說，這個對話可能很難進行，他們會掉回舊有模式，努力試著將他想要的東西正確地傳達給其他人，而其他人費勁地嘗試理解，但也產生一些漏洞。如果這個過程延續得太久，他們往往會覺得彼此之間有一些隔閡，那對於完成工作是沒有幫助的。

有些事情必須謹記在心，才能夠幫助這些對話進行得更順暢。很高興，那正是下一章的主題。

第七章

述說更好的故事

使用者故事的觀念很簡單，或許太簡單，對許多參與軟體開發的人來說，這樣的對話感覺上非常陌生…而且，有點不自在。人們經常回復到談論需求的狀態，就像過去所做的那樣。

當 Kent Beck 最初描述故事的想法時，他並未將它們稱為**使用者故事**，而只是稱作**故事**——因為他希望你說故事。然而，就在第一本極限編程的書籍出版後不久，**故事**前面被加上更具有描述性的**使用者**一詞，好讓我們記得從業外人士的觀點來進行對話。然而，單單改變名稱是不夠的。

Connextra 的酷炫模板

這是我的朋友 Rachel Davies，她拿著故事卡（story card）。

在 90 年代晚期，Rachel 服務於一家名為 Connextra 的公司，Connextra 是最早採用極限編程（Extreme Programming）的公司之一，而使用者故事就是源自於這個敏捷流程。當 Connextra 的人開始運用故事時，發現他們碰到一些常見的問題。在 Connextra，大多數故事撰寫人皆來自銷售與行銷部門，他們傾向於寫下需要的功能。然而，在開發者進行對話時，必須先找出原始的利害關係人，並且啟動良好的溝通——內容包括誰以及為什麼，單單功能名稱無助於團隊找到合適的人們來對話，或者啟動正確的討論，而且，當初並沒有什麼相關指南指明什麼能夠或者應該在卡片上。無論如何，Connextra 的模板隨著時間逐步演進，明確來講，這並不是 Rachel 的發明，而是整個組織想要掌握建造重點的企圖。

在使用這個模板一段時間之後，Connextra 的人員想要展示他們的酷炫新技巧，他們在 XPDay 2001（在倫敦舉行的小型研討會）上展示了一組範例卡片，就是 Rachel 手上握的東西，那是她的最後一張卡片，可能也是碩果僅存的一張，算是一項歷史文物。

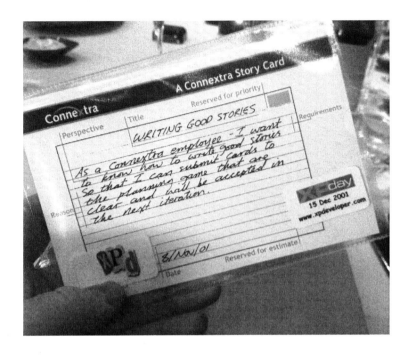

這個模板大致運作如下：

> As a [type of user]（身為 [使用者類型]）
>
> I want to [do something]（我想要 [做某事]）
>
> So that I can [get some benefit]（所以我能夠 [得到某種利益]）

Connextra 的人員使用這個簡單模板寫下他們的故事敘述。注意，他們的故事仍然保有簡短、有用的標題。他們發現，寫出這一點額外的東西再開始說故事，迫使他們停下來思考：誰、什麼，及為什麼。而且，如果不知道這些資訊的話，他們可能會質疑是否真的應該撰寫這個故事。

坐下來進行故事對話時，他們會挑出那張卡片，然後閱讀裡頭的敘述，而這段描述開啟了對話。

使用簡單的故事模板開啟對話。

如果你正從故事地圖中挑出個別的卡片，模板是啟動對話的好方法。回顧第 1 章，Gary 的地圖主體（body）裡的卡片之一說，「上傳圖像」，而該卡片是「客製化活動文宣」卡片下面的細節之一。我在地圖中的卡片上寫下的是一些動詞短語——使用者運用我的軟體執行的任務。然而，

當我單獨挑出一張卡片時，我必須從地圖所描述的整體圖像中挑出故事，我可能說：

> 「身為樂團經理，我想要上傳圖像，以便客製化我的活動文宣。」

那是相當棒的技巧，我能夠為不同使用者找到地圖上與之相對應的卡片，而且使用者的更大目標通常是你所看到的卡片上方的卡片。

但記住——這只是對話的開場白，事實上，對話可能像這樣繼續發展下去：

> 「樂團經理為什麼會想要客製化活動文宣？」

> 「嗯，因為初始文宣上頭不會自動包含樂團照片，樂團經理會想要把照片放上去，他們很在乎原創性——他們不想要自己的文宣看起來跟別人沒兩樣。」

> 「有道理，樂團經理通常把照片存放在哪裡？」

> 「嗯，到處都有，真的，可能在本地硬碟上，在 Flickr 帳號裡，或者在 Web 上的其他地方。」

> 「嗯…跟我原本想的不一樣，我以為照片只會在他們的硬碟裡。」

> 「不，我們跟許多人談過，他們的照片散佈各處，有點麻煩。」

事實上，我跟 Gary 有許多對話都是那樣進行的。我們一邊討論，一邊在白板或卡片本身寫下一些東西，為避免過於冗長，我們會把想法簡單記錄下來。

很清楚地，非常簡短的模板幾乎不足以當作規格（specification）。然而，當我們開始使用模板進行對話時，最後會得到內容很豐富的對話，遠超過只是討論檔案上傳程式。

小對話的新思維

Mat Cropper，ThoughtWorks

我為英國政府的 ThoughtWorks 專案擔任商業分析師的職務，我們負責交付，也負責提供客戶團隊一些關於敏捷方法的實務經驗。

在此專案中，我們是由大約 25 位技術專家與商業人士組成的大團隊。一間辦公室，25 種不同的空調喜好設定——你明白我的意思吧！

最初，產品負責人與我撰寫故事，接著，在每一個為期兩週的迭代（iteration）的一開始，整個團隊會聚在一起進行規劃，它必然是個大會議，並且發生許多衝突與碰撞。「為什麼要這樣做？」「這些故事太大／太小。」「不合理。」「我強烈推薦特定的技術實作。」這些是常見（且令人挫折）的討論，老實說，我對這些會議的結果感到十分沮喪，彷彿是我個人的失敗。

為修正這個問題，必須有所作為，所以我們決定，代替跟所有人開一次會討論每一件事，我們會針對更緊密的焦點進行多次對話。例如，我們在每個迭代的第一週先跟一小群人（專案負責人、專案經理、商業分析師、技術架構師）進行待處理項目梳理會議（backlog grooming），這些人檢視並且確認各個故事，因此，在稍後跟整個團隊進行討論時就不會有那麼多衝突。這個對話主要針對調整及改善我們的故事，並且忽略排定優先順序、故事點數（story point，或故事點）等事情。確實有成效。

另外，我們也確認，正以較具建設性的做法建立故事。在那一週，我知道我正在醞釀某些故事，它們會出現在卡片牆上的「分析中」（In Analysis）欄位，在團隊的每日站立會議（standup）中，我會表示我正在醞釀特定的故事，並且藉由開發者的協助來讓它成形。我們會坐下來，討論我們的目標，通常觸及技術層面，然後將結果記錄在紙上。我們忽略 Trello（我們當時利用 Trello 作為我們的數位化卡片牆），並且改為聚焦在面對面的對話上，有時候，就直接站在白板前。團隊合作，一起深入細節，實際上是相當值得的，而且，因為每次只花大約 20 分鐘，成本也不算太高。人們對於能夠作出實質貢獻真的很開心。

最後，很高興，我們的大型待處理項目梳理會議變成一件很輕鬆的事情，我們也發現，故事尺寸變得越來越一致。迭代規劃最後變得更沒有負擔，記錄故事之對話的品質也大幅改善，我們的生產成果也一樣。

模板殭屍與掃雪機

模板殭屍這個術語來自《*Adrenaline Junkies and Template Zombies: Understanding Patterns of Project Behavior*》（Tom DeMarco 等著，Dorset House），這個名稱不言自明，但我還是提供作者所下的定義：

> 模板殭屍：
>
> 專案團隊讓它的工作由模板驅動，而不是由交付產品所需要的思考流程。

模板很簡單，但也經常被濫用，我知道人們在模板不適用時還拼命將想法硬塞入其中。關於後端服務或安全議題的故事可能相當具有挑戰性，我看到人們從自己的觀點撰寫及思考事情，而不是從使用者的觀點：「身為產品負責人，我要你建造檔案上傳程式，以便滿足使用者的需求。」這樣的思維並不正確。

更糟糕的是，模板已經無所不在（並且經常被用來教學），以致於有些人認為如果不那樣寫就不算是故事，很多人甚至不使用故事標題，並且只在每一張卡片上寫下冗長的句子。想像你試著讀完一系列照那樣寫的故事，想像你試著利用故事地圖向某人說故事，而那裡面每一張便利貼都是按照那種方式撰寫的。這真的是對大腦的嚴苛考驗。

這一切讓我感到難過，因為故事的真正價值不在於卡片的內容，而是我們在述說故事時所學到及瞭解的東西。

故事不一定要透過模板來撰寫。

這張照片裡的人正在學滑雪[1]。如果你曾經學過滑雪,並且有人教導你的話,你會照著這個人的方式做,這種姿勢被稱作 snowplow(掃雪機)。你會讓雪板的前端內緣相互靠近,控制成「八」字形,前窄後寬,透過使用雙腳夾住兩塊滑溜的雪板,最容易控制你的速度,並且保持挺直。這是我給滑雪初學者的建議,但並非最佳的滑雪方式——而是最佳的學習方式。冬季奧運中沒有 snowplow 這個項目,你的 snowplow 姿勢也不會讓斜坡上的任何人感到印象深刻,這沒什麼好害羞的,如果人們看見你用那種方式滑雪,就知道你正在學習。

對我來說,故事模板的運作有點像是以 snowplow 的姿勢學習滑雪,使用它來撰寫你的第一批使用者故事,高聲朗誦,開啟故事對話。如果你發現它並非總是有效,也不要太擔心,就如同對滑雪者而言,snowplow 技巧並不是面對困難地形時的最佳選擇。

---

1   這張照片由 Ruth Hartnup 拍攝,取材自 Flickr,並以 Creative Commons Attribution License 的方式授權。

我最喜歡的模板：如果我在便利貼或卡片上撰寫故事，而且它們不將被放在較大的故事地圖裡，我會先給它們簡單的小標題，然後在下面寫著：

誰：
什麼：
為什麼：

我會在每個項目中寫下一、二行，具體指明「誰」，說明一下「什麼」，並且記錄一些「為什麼」的理由。我會想要在卡片上留一點空間，以便在開始說故事時增加額外的資訊，我不能忍受人們將標題寫在卡片中央，因為那樣就沒有預留空間讓我在開始討論時做補充。不過，我承認，我是有點吹毛求疵啦。

實際要談什麼的檢查清單

- 實際談論誰

  請不要只是說「使用者」，要具體一點，討論你是指哪個使用者，對 Gary 來說，他可以談論樂團經理或粉絲。

  談論不同類型的使用者。對很多軟體片段來說，尤其是消費性軟體，形形色色的使用者在操作相同的功能性，請從不同使用者的觀點來談論功能性。

  談論客戶。對消費性產品來說，客戶（或選擇者）可能是使用者，然而，對企業型產品來說，我們必須討論進行購買決策的人、他們的整體組織，以及他們如何受惠於我們的產品。

  談論其他利害關係人。談論出資購買軟體的人，談論可能跟使用者協同合作的其他人。

  鮮少只有一個使用者是要緊的。

- 實際談論做什麼

  我喜歡我的故事從使用者任務開始（user task）──人們想要使用我的軟體做什麼。然而，在操作介面背後的一些服務呢？像是授權你的信用卡進行購物，或者在保險網站上認證你的身分。你的使用者並未深思熟慮地選擇讓他們的信用卡被授權，或者讓他們的憑證被驗證。談論服務以及呼叫它們的不同系統是 OK 的，談論具體的 UI 元件以及畫面如何運作也是 OK 的，只要不忽略誰在乎以及為什麼即可。

- **實際談論為什麼**

  談論特定使用者為什麼在乎，並且深入探討箇中原由，因為理由通常不只一個，而且是有不同層次的，你可以長期持續關注，實際探索底層的來龍去脈。

  談論其他使用者為什麼在乎，談論使用者的公司為什麼在乎，談論利害關係人為什麼在乎。在「為什麼」裡頭，隱藏著許多重要的東西。

- **談論軟體之外發生什麼事**

  談論人們在哪裡使用你的產品、何時使用及多常使用，談論當他們使用產品時還有誰在場。這些東西全都是良好解決方案可能是什麼的好線索。

- **談論出什麼錯**

  當事情出錯時會如何？當系統停止運作時會如何？使用者除此之外還能如何完成這項工作？他們今天如何滿足他們的需要？

- **談論問題與假設**

  如果你談論所有那些事情，可能無意中發現一些你不知道的事情。辨識你的問題並且討論它們有多重要，在建造軟體之前找到答案。決定誰將做情報收集的工作以便回答那些問題，並且將它們帶到你的下一次對話。你會發現，需要經過大量對話，才能夠徹底想清楚一些故事。

  花時間質疑你的假設。你真的瞭解你的使用者嗎？這真的是他們想要的嗎？他們真的有這些問題嗎？他們真的會使用這個解決方案嗎？

  質疑你的技術性假設。我們倚賴的底層系統是什麼？它們真的會按照我們想的那樣運作嗎？有什麼技術性風險是必須考慮的嗎？

  所有這些問題與假設可能都需要仔細的研究才能夠解決或從中瞭解狀況，制訂計劃，好好探索。

- **談論更好的解決方案**

  當故事對話的結果否決了關於解決方案應該是什麼的原始假設，真正的大勝利就來到了，回到試圖解決的問題，接著一起找出更有效且更經濟的解決方案。

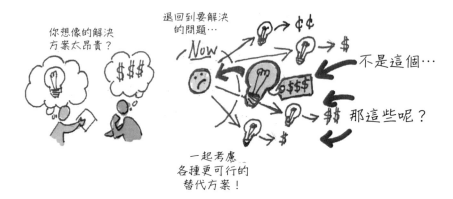

- 談論如何做

  在故事對話中,我經常聽到某人焦慮地說,「我們應該談論做什麼,而不是談論如何做!」意思是,我們應該談論使用者需要做什麼,而不是程式碼應該如何寫。當我們談論「什麼」,而未談論「為什麼」時,我同樣感到焦慮。事實上,我們試著在良好的故事對話裡最佳化這三者,有問題的是某人假設必須採取特定的解決方案或實作方式。無論如何,若沒有明確談論怎麼做(如果你是開發者,我知道你在想這件事),就很難考量這個解決方案的成本,假如某個解法過於昂貴,可能就不是一個好選項。

  在對話過程中,請尊重他人的專業。不要告訴訓練有素的人如何做他份內的工作,不要對熟稔使用者事務的人說他不瞭解操作體驗。虛心請教,詢問問題,真誠地試著相互學習。

- 談論費時多久

  最後,我們需要做一些決策,決定是否要建造某個東西。畢竟,在不知價格的情況下進行買賣決策,絕對是一件很困難的事情。

  就軟體而言,這通常表示,需要花多久時間撰寫程式碼,在早期對話中,那可能被表示成「相當長的時間」或「幾天」,更好的做法是將它與某個已經建構的東西做比較——「大概跟我們上個月建造的留言功能一樣」。隨著我們越來越接近建造階段,我們進行更多對話並且進行更多決策,我們能夠更準確一點,但我們總是明白,這裡談論的是估計,而非承諾。

建立度假照片

因為很多事要談，而且你不想忘記它們，確認你有記錄一些具體事項，幫助你記得做過什麼決策，或者需要深入調查哪些問題與假設。別忘了具象化（externalize）你的想法，好讓參與討論的其他人看到被記錄下來的東西。

如果有記錄下來，你稍後就可以將它挑出並且參照之。如果它被貼在牆上，你就可以邊指著它邊做說明，而且，如果整個團隊一同討論，你會發現，你不必經常重複說明每一件事，因為人們會牢記在心——尤其是，如果你將對話繫結到簡單的圖畫與文件…所謂的度假照片（vacation photos）。

這個小組正在進行故事討論，在交談時，他們以視覺化的方式呈現想法，並且記錄他們做了什麼決策。

我最喜歡的做法就是他們正在做的事情，交談時，我在白板或白板掛紙上做記錄，我喜歡直接在上頭記錄誰參與對話，接著，在完成時，我會拍下照片，使用 wiki 或其他工具分享照片。我知道，稍後當我需要它們時，我會擷取細節或者更正式地將它們寫下來。如果我無法確切記住討論內容，參與對話的人之一或許可以，所以將他們的名字寫下來確實是個好主意。

要擔心的事情很多

想到在故事中能夠討論的事情有多少著實令人却步，這時你可能想要回到從前，在過去，你只需要擔心「需求」，實際解決問題並非你的責任，或者，你只需要建造你被告知的事情，確認是否建造合適的東西是別人的問題。然而，我相信，你跟大多數人都喜歡真正解決問題，因此，現在正是你的大好機會。

你可能已經想到，因為有那麼多事情要討論，勢必有許多資訊要記錄，這些東西會不會塞不進便利貼或索引卡。沒錯，接下來，讓我們談談卡片要記錄什麼、不要記錄什麼。

第八章

不是全在卡片上

是的，根本想法是，卡片上的簡短故事標題有助於我們規劃，並且讓軟體建造者與瞭解需要用它來解決什麼問題的人充分對話，但不幸地，順利完成軟體可不是二、三個人能夠搞定的事情。

在典型的團隊中，你可以看到專案經理、產品經理、商業分析師、測試者、使用者經驗設計師、技術文件工程師，還有一些我可能漏掉的其他角色。他們全都在檢視相同的卡片，但對話會不一樣，因為各有各的顧慮要擔心。

不同的人，不同的對話

如果我是產品經理或產品負責人，而且我對產品成功與否負全責，那麼，我必須多瞭解我的目標市場，並且假設大概有多少人會購買或使用這個產品，或者它將如何影響公司的營利，我會想要談論那些事情。

如果我是商業分析師，我可能深入諸多細節，因此，我必須瞭解使用者介面裡發生什麼事，以及系統裡頭使用者介面背後的商業規則。

如果我是測試者，我必須思考軟體可能在哪裡發生失敗，我的對話必須幫助我組織良好的測試計劃。

如果我是 UI 設計師，我不想被告知 UI 應該如何設計，就好像開發者不想被指定程式碼應該怎麼寫，我會想要知道誰在使用它、為何使用，以及使用它來做什麼，以便設計出有用且可用的使用者介面。

最後，如果我是負責協調這群人的專案經理，我必須注意他們的討論，以及針對所有這些細節所做的決策；還有，我也必須注意依賴性、時程表，以及開發工作展開之後的狀態。

真的有很多對話，其中有一些必須在其他對話之前發生，而且有些對話不止發生一次。因此，精確地說，我們可能必須為 3 個 C 增加更多其他的 C。然而，很高興地，如果你在過程中確實進行對話並且建立共識，你將免除諸多誤解與路線修正。

> 針對每一個故事，不同的人有不同的對話。

我們需要更大張的卡片

當你念到這個標題時，希望你想到老電影〈大白鯊〉，在故事當中，當 Brody 警長第一次近距離看到那個龐然大物時，他對捕鯊人 Quint 說，「你需要更大艘的船」。

你看，最初的構想也是我能夠在卡片正面寫下標題，接著，隨著對話進行，我可以翻到背面，並且寫下我們同意的全部細節。我能夠在卡片上草繪使用者介面，並且寫下關於這張卡片的諸多其他資訊。在某些專案上，確實能夠以這種方式運作，如果可以的話，那真的是很棒，而且，這通常是密切合作且默契十足之小團隊的附帶特性，這種團隊擁有許多內隱知識（tacit knowledge）[譯註]，沒必要撰寫一堆需要費心記憶的東西。

然而，我不認為 Kent 與讓故事更完善的人真的認為不同人之間的對話全都能夠被包含在單一卡片中，事實上，通常都不是。

對我來說，圖書分類目錄的卡片是很有用的隱喻——年紀夠大的人應該還記得圖書館尚在使用圖書分類目錄卡的時代。故事被撰寫在卡片上的方式就有點像那樣。

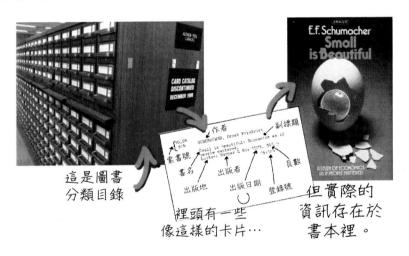

這是圖書
分類目錄

裡頭有一些
像這樣的卡片…

但實際的
資訊存在於
書本裡。

如果我從圖書分類目錄中挑一張卡片，上頭會有找到那本書的足夠資訊，可能包括書名、作者、敘述、頁數、所屬分類（像是「散文類」）、以及索書號（還記得杜威十進制分類法嗎？），指明我可以在哪裡實際找到這本書。卡片只是幫忙尋找及組織書籍的依據，沒有人會把卡片與書籍搞混。圖書分類目錄是很便利的，因為它佔用的空間遠少於成千上萬本書籍佔用的空間，而且，我能夠以不同方式組織卡片——例如，根據作者或根據主題。

[譯註] 請參考 *https://en.wikipedia.org/wiki/Tacit_knowledge*。

你的故事也會以相同的方式運作；亦即，你可以將它們撰寫在卡片上、記錄在電子表格（spreadsheet）中，或者將它們輸入你最喜歡的或公司要你使用的記錄工具（你知道，大家都在抱怨的那一個）。在圖書館裡，你知道書籍就在某處，如果你已經在圖書分類目錄中找到正確的卡片，很容易就能夠找到那本書。同樣地，藉由使用者故事，你可以很快在某處找到正隨著每個對話逐步演進及增長的資訊。希望不論你的公司選擇如何記錄，都能夠很容易讓人找到需要的資訊。

如果你想要採取真正老派的路線，就將這些討論的細節貼在牆壁上的白板掛紙，那麼，有需要時，你就能夠繼續談論它們，但切記，工作完成時，你會想要將它們拿下來，否則整面牆的空間會被你用盡。另外，你會想要幫它們拍照，並且將照片保存在某處。

這是我的朋友 Sherif，他在一家名為 Atlassian 的公司擔任產品經理的職務。Confluence 是 Atlassian 的眾多產品之一，是一個廣受歡迎的 wiki，被許多組織用來記錄及累積知識。JIRA 也是 Atlassian 的產品，它是敏捷開發中廣受歡迎的管理工具之一。想當然耳，聚焦於「用以記錄及分享資訊之電子化工具」的公司會使用自家生產的工具，Atlassian 確實如此，但它也瞭解如何進行良好的面對面溝通。

拜訪 Atlassian 位在雪梨的辦公室時，我看到牆壁上到處都是便利貼、白板圖形及畫面線框圖。若仔細看，你會見到便利貼上有參考票號（ticket number），參照到團隊倚賴的一些工具，整個機制靈活地在工具與實體空間中來回移動。當 Sherif 向我展示他們保存在 Confluence 裡的東西時，我對那些照片、短片，與來來回回的討論感到讚嘆不已。

輻射源與冷凍櫃

在《*Agile Software Development: The Cooperative Game*》（Addison-Wesley Professional）裡：Alistair Cockburn 創造了資訊輻射源（*information radiator*）這個術語，並且使用它來描述牆壁上的大型可見資訊如何將有用材料輻射到整間辦公室，經過的人會檢視它並且與之連結。當該資訊既鮮活且有用時，自然會激發出許多有意義的對話，在當中，人們能夠參照並且繼續增加那裡所積累的資訊。

當我走進牆上空空如也或掛著美麗藝術品的環境時──更糟的是寫著激勵口號的海報──不禁感到幾分惆悵，畢竟，在那些有用的牆壁上，每天其實都可以上演許多協同合作的精彩戲碼。如果牆上貼的東西是資訊輻射源，有些人則將人們使用的工具稱作資訊冷凍櫃（*information icebox*），因為那是資訊被封存起來的地方──而且有可能被凍出一層薄冰，就像你家裡的冷凍庫那樣。

那是 Atlassian 讓我感到驚艷的地方，他們讓資訊保持既鮮活且有用，不管在他們使用的工具之內或之外。

故事卡片上到底有什麼？

想像一張來自圖書分類目錄的卡片，卡片上面包含一些有用的資訊，幫助你組織及確認你正在談論正確的書籍，良好的故事卡片也有點像那樣。

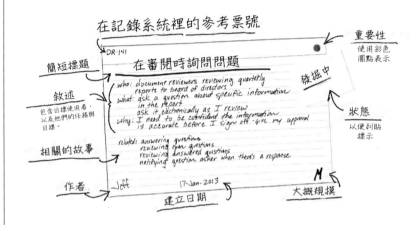

你預期會在卡片上找到的常見資訊：

簡短標題

在進行討論時很容易插入對話內容的標題。好標題是你的故事當中最有價值的一部分，假如讓人感到混淆，別害怕改寫它。

敘述

描述我們在想像什麼的一、二個句子。以誰（who）、做什麼（what）、及為什麼（why）的格式來敘述，基本上是很不錯的想法——誰需要或使用它，用它來做什麼，以及希望從中獲得什麼利益。

開始討論故事時，增加關於你的討論的摘要資訊，包含下列資料：

故事編號

當你得到一群故事或者把它們放進記錄系統時，故事編號將幫助你找到它們——有點像圖書館的杜威十進制系統。無論如何，請不要透過編號參照你的故事，如果你那樣做的話，肯定表示你並未選用很棒的標題。事實上，連圖書館員也不以杜威十進制編號來參照書籍。

估計、規模，或預算

開始討論故事時，你會想要預測可能花費多久建造軟體。描述這一點的用詞有很多，像是估計（*estimate*）、規模（*size*），或預算（*budget*），就使用你們公司慣用的術語吧！

價值

你們可能針對某件事情相對於另一件事情的價值進行了冗長的討論，有些人可能使用數值量尺，有些人可能使用高、中，或低等形容詞來注釋卡片。

統計數據

如果你真的在乎結果，就將「追蹤軟體在釋出之後是否獲得成功」的特定統計數據識別出來。

依賴性

這個故事可能倚賴或伴隨的其他故事。

狀態

這個故事是針對特定釋出版本而規劃的嗎？開始了？進行中？完成了？

日期

就像書籍索引卡包含出版日期，你可以記錄這個故事被增加、啟動，及完成的日期。

你可以在卡片上隨意註記你喜歡的任何資訊，或者翻到背面，寫下註解或條列式的驗收標準。

卡片上唯一必要的東西是良好的標題，所有其他資訊片段可能有幫助，然而，你和團隊必須決定你們想要使用哪些資訊。

> 卡片上也不要硬塞太多資訊。記住，故事卡片只不過是你用來進行
> 規劃工作的符記（token），你可以使用卡片，也可以使用便利貼。
> 使用實體卡片讓你可以在對話中指著牆上或桌上的卡片，利用這個
> 與那個之類的方便用語來進行討論，你無法用一疊厚厚的文件來做
> 這件事。使用卡片時，你可以在桌上將它們移來移去，按重要性排
> 列，將它們貼在牆上，並且在你述說故事時興高采烈地揮舞它們，
> 更強烈地表述你的論點，如果使用一大疊文件，你可能會弄傷某
> 個人——或許是你自己。當然，你會想要將一群卡片安排成故事地
> 圖，述說更大規模的故事。

那並非這項工具的目的

伐木工在森林裡遇到一個人，那個人正費勁地使用鐵錘試圖砍倒一棵
樹，伐木工要那個人停下來，並且說道，「嘿，你使用的工具不對！試試
這個…」，然後將鋸子交給那個人，那個人謝謝他，伐木工繼續上路，對
於他能夠幫上忙感到很高興。接著，那個人開始用鋸子「砍」那棵樹，
就跟使用鐵錘一樣。

這個笑話提醒我，我們可能使用錯誤的工具，也可能以錯誤的方式使用
工具。

當我告訴人們像 Atlassian 這樣的公司如何使用工具時，他們通常覺得很
驚訝，因為他們一直試著使用某種工具作為白板與便利貼的替代品，而
且，不難想像，他們在苦苦掙扎，這可能是因為他們將錯誤的工具用在
不對的工作上，或者以錯誤的方式使用正確的工具。為了釐清什麼可能
出錯，最好先檢視工作，而不是工具。

建立共識

當我們一同述說故事並且決定要建造的解決方案時，我們的首要目標是
建立共同的理解，在此，具象化及組織你的想法至關重要，沒有什麼事
情比待在白板前，使用便利貼，面對面進行溝通來得重要。然而，如果
你必須以遠端的方式與其他人一起完成這項任務，那可是相當困難的，
讓你們看見彼此的視訊會議工具並未提供很大的幫助，因為你需要看到
的不是他們的臉——而是放置在牆上或桌上的想法。

在視訊會議期間使用文件攝影機（*document camera*）
或網路攝影機（*web camera*），
讓遠端參與者看見牆壁上正被建立的東西。

我曾在視訊會議的兩邊設置視訊攝影機，讓會議的焦點聚集在牆壁上逐漸增長的模型，而不是團隊成員的容貌。

如果你使用視覺化工具，讓參與對話的雙方都能夠增加或四處移動便利貼，就如同在白板前一起工作，那是最理想的。下面是擷取自名為 Cardboard 之工具的螢幕截圖。

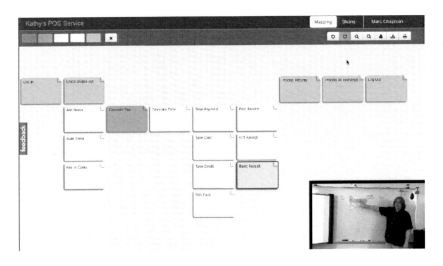

在 David Hussman（Cardboard 的創造者之一）於牆壁上進行故事對照的同時，使用 Cardboard 的這個人正在建立故事地圖，從別的地方分享相同地圖的其他人以即時的方式看到它被組織起來，他們能夠增加、移除及改變卡片，每個人都能夠看到其他人在做什麼。你可以虛擬地「後退一步」，檢視整個牆面，這十分方便，因為電腦螢幕就是一個讓你檢視故事地圖的小窗口，就如同你在實體牆壁上進行故事對照一樣。

在以遠端方式協同合作時，使用可以讓每個人
同時看見、增加、並且組織模型的工具。

很高興，我們現在能夠看到許多工具出現在市場上，這些工具支援協同合作建立共識。這是一件好事。

回想

在努力合作獲取共識時，我們應該記錄已經建立的任何模型或範例，將它們作為度假照片使用——幫助我們回想討論過的全部細節。Atlassian的 Confluence 之類的工具提供功能豐富的 wiki，不僅能夠儲存文字，還可以存放圖像與影片。在一同工作之後拍下照片與影片，是進行文件整理的最快速方法之一。

將協同合作的成果拍攝下來，
有助於回想對話的細節

照片幫助我們回想對話的內容

Atlassian 的那些人就是這麼做的，在牆壁上作業之後，他們拍攝照片，並且上傳到他們的 wiki，妥善保存，隨時參考。

使用工具發佈照片、影片和文字，
幫助你保存及回想對話的內容。

我個人喜歡維持低保真度（lo-fi）並且將資訊保留在牆壁上，但假如我真的擔心清潔人員在晚上將它拿掉，我會把它拍攝下來，以防萬一。如果要與不克出席的人們分享資訊，我還會拍攝短片，一步步追蹤牆上的模型，並且將它發佈到其他人能夠看到的地方。

記錄與追蹤

工具最擅長的事情之一就是記錄我們規劃的所有工作，並且讓我們追蹤它的進度。工具善於追蹤並記錄乏味的數字——像是我們何時開始、何時完成、以及還有多少事情沒做。在記錄及追蹤我們所做的事情時，比較好的工具將幫助我們產生更有用的深刻見解。

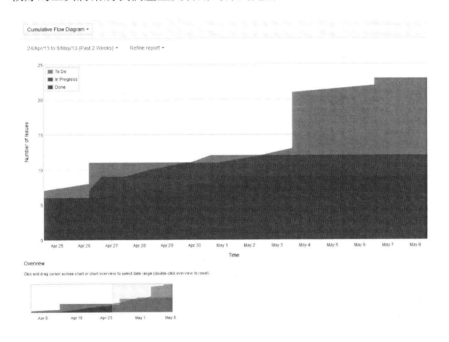

這是 Atlassian 的 JIRA 所產生的累積流程圖（cumulative flow diagram），這張圖表顯示一段時間以來我們正在進行的工作以及它的狀態。我可不喜歡自己手動製作這張圖表。

對位於相同地點的單一團隊和小型專案來說，牆壁很好用，但如果你擁有幾個位於不同實體位置的大型團隊，以及必須花較長時間運作的專案，請利用工具來記錄及追蹤所有的細節。

使用工具安排、記錄、追蹤，並且分析進度。

訣竅在於將正確的工具應用在合適的工作上。不要試圖使用非常大型的記錄及追蹤工具來建立共識,也不要在白板上費勁地進行複雜的分析。

讓事情保持簡單及快速一直是敏捷開發的理想,盡可能在索引卡及白板上工作。我保證,如果你能夠保持精簡及快速,並且避開不必要的工具,你會比較愉快。記住,工具只是達成目的的手段。接下來,我們必須談談卡片之後發生的事情。

第九章

卡片只是開始

3 個 *C* 只是開始。

我知道我先前說過沒必要重申 Agile Manifesto（敏捷軟體開發宣言），但無論如何，我還是打算這麼做——嗯，至少針對其中一小部分。該宣言中深具價值的一個陳述為「可用的軟體重於詳盡的文件」，我可以將這句話重述為「可用的軟體重於詳盡的對話」，意義都一樣，所有這些對話——以及幫助我們回想的說明文件——都只是達成目的的手段，最終，我們必須建造軟體。

如果我們完成這個循環，模型看起來就像這樣：

卡片

對話

確認

結果
評估你建造的東西，團隊先進行，
再跟企業利害關係人，並且與客戶及
使用者一起測試。

建構
團隊建立軟體，參考來自
對話過程的說明與圖像，
幫助回想相關細節。

在建立共識並且同意要建造什麼之後，總有一些陷阱會悄悄潛伏進來。
請留意。

利用腦海裡的清楚圖像建造軟體

在進行對話，記錄幫助我們回想對話內容的細節，並且寫下確認事項
（亦即，確認工作完成需要檢查的事情）之後，我們終於準備好建造
軟體：

- 軟體開發者可以開始建造軟體。

- 測試者能夠建立測試計畫，並且進行測試。

- UI 設計者能夠建造詳實的 UI 設計與數位化資產（digital assets）
  ——假如他們未在達成共識時完成這部分的工作。

- 技術文件工程師能夠撰寫或更新輔助檔案或其他文件。

這裡最重要的事情是每個人的腦海中都具有相同的圖像：共同討論時
所建構的圖像。

為求效果，我打算在這裡暫停一下。

現在，我會緩緩地說明下一個部分，因此你應該慢慢地閱讀。

> **將全部故事細節直接丟給其他人去建造是行不通的。**
> **別那樣做。**

如果你已經和一群人共同釐清要建造什麼，並且將建造者需要知道的所
有重點都整理成文件，你可能非常想要把它直接丟給其他人，畢竟，對
你而言，這些資訊是清清楚楚、明明白白的。然而，別愚弄你自己，你
之所以很清楚、很明白，是因為你那聰明的大腦填滿了未被記錄的種種
細節，大腦如此稱職，以致於你很難發現有什麼東西可能被遺漏。記
住，那些細節是你的度假照片，而不是他們的。

建立說故事的口述傳統

分享故事相當簡單，某個確實瞭解故事（及為了說故事所收集的資訊）
的人只需花一點時間對下一個需要瞭解情況的人重述故事。現在，這應
該遠比早先的對話要快很多，因為你們之前必須一同進行某些困難的決
策。使用被記錄下來的東西幫忙述說故事，好好交談並且參照圖像，讓
你的聆聽者詢問問題，並且修改幫助他記憶的圖像，協助他將與這個故
事相關聯的資訊轉變成他自己的度假照片。

在這裡，我經常看到一些不良的反模式（anti-pattern）。有人認為，因為團隊的任何人都可能挑出故事並且對它做一些調整，所以每個人都應該參與每一次對話。或許你就在這樣的公司工作，你應該明白這是有問題的，因為你會聽到許多人抱怨會議實在太多了。順帶一提，「會議」經常是「不具生產力之協同合作」的委婉說法。

事實上，二到五個人的小團體最適合進行有效的討論與決策，大概是幾個人一起用餐的規模。你應該明白，假如一群朋友一同用餐，人數不多時，很容易進行清晰的對話，然而，大約超過五個人時，談起話來便顯得吃力。

讓一小群人一同進行決策，然後利用後續的對話跟其他人分享結果。

檢查你的工作結果

在團隊裡，你們會協同合作，針對要建造什麼以及為什麼建造取得共識。一起工作時，因為不可能料事如神、事事周全，自然而然地，你們會持續對話，更且，當軟體完成時，你們還會回頭一起談論它。

這是恭喜自己妥善完成工作的好時機，看到事情有具體進展是一件很棒的事情，在傳統軟體開發中，比較少有機會看到辛苦工作的成果，而且很少整個團隊一起分享這些東西。在典型的敏捷流程（如 Scrum）中，大約每隔兩個禮拜，在衝刺階段結束時的產品審查中，你們會一同分享工作進展。在最健全的團隊裡，成員經常聚在一起檢視工作成果，然而，你們需要做的不只是展示與說明（show and tell）。在祝賀自己之後，請花點時間簡要但認真地檢視一下你們的工作品質。

討論品質時，我從這三個面向開始：

使用者經驗品質

從目標使用者的角度來評論工作，簡單好用嗎？用起來有趣嗎？看起來美觀嗎？跟你的品牌和其他功能性一致嗎？

功能品質

軟體做了你同意它做的事情嗎？沒有臭蟲或錯誤嗎？測試者和其他團隊成員已經花時間測試，而且你已經修正臭蟲。然而，好的測試者往

往能夠告訴你,或許有更多臭蟲潛伏其中,稍後可能出現,或者,你希望他們能夠肯定你的產品堅若磐石。

程式碼品質

我們撰寫的軟體具有高品質嗎?符合我們的標準嗎?我們可能得與我們的產品共舞一段時間,最好瞭解它是否容易擴展及維護,或者,我們是否增添了一堆日後必須解決的技術債(technical debt)。

這裡有一些壞消息,針對完成的工作,你可能發現有些地方要改變。

分成兩個關注點來看比較清楚。第一:我們建造了我們同意建造的軟體嗎?第二:如果它是我們同意建造的東西,既然看到具體成果,我們應該做一些改變嗎?

一開始,每個人都會努力合作,共同釐清要建造什麼才能夠解決使用者的問題,而且是採取很經濟的解決方案。你會盡力辨識出為確認工作完成需要檢查哪些事項。檢查所有那些事情,如果你確實完成那麼多東西,好好犒賞自己一下,你做到了你同意要達成的事情。

現在,我的腦海裡浮現一段滾石合唱團的歌詞,如果你知道這首歌,就跟著哼哼看:「你無法總是得到你想要的,但如果嘗試一段時間,你可能發現,你得到你需要的。」關於軟體的反諷是:正好相反。

你們會協同合作,針對想要完成什麼達成共識,而且,如果你的合作對象是一個有能力的團隊,你會看到你們做得非常好。然而,只有在看過具體成果之後,才能夠妥善評估它是不是你需要的。這樣並不理想,但別自責──事情就是這樣運作。

不過,確實有辦法修正它,就從在卡片上寫下你的想法開始,說明要在軟體裡做什麼改變才能夠完成修正。當然,如果你原本打算一次到位,那麼,這樣就不是很理想,或許,Mick Jagger[譯註] 終究是對的。無論如何,你真的必須瞭解,「一次到位」其實是一種高風險的策略──尤其對軟體來說。

[譯註] 滾石合唱團的主唱。

不是針對你

抱歉，還有更多壞消息。

事實上，最初撰寫這張卡片及展開這整個循環的人可能不是即將每天使用這個軟體的人。最初撰寫這張卡片的人，以及一同工作的整個團隊，可能相信他們已經敲定一切——找出完美的解決方案，幫助目標使用者克服他們所面臨的挑戰。

別愚弄你自己。

如果夠聰明的話，我們會把軟體交給使用者，跟他們一起進行測試，這並不是為了展示與說明（show and tell），而是想瞭解使用者是否能夠運用這個軟體，達成他們通常必須完成的真實目標。

你曾經坐在正在使用你協助建造之軟體的人旁邊嗎？回想你第一次這樣做的場景，情況如何？雖然我不在場，但我相信事情並未按照你預期的那樣進行。

假如你曾經坐在正在使用你的產品的人旁邊時，你應該瞭解我的意思。假如你不曾這樣做過，那就試試看吧。

你必須定期（適當的頻率）跟即將實際購買、採納，及使用你的產品的人們一起進行測試——我經常等到我已經建造一段足以讓他們完成先前無法完成之工作的軟體片段。無論採取什麼頻率，不要讓真實的使用者超過幾個禮拜沒跟你的軟體互動。

不需要每個團隊成員都跟使用者一同測試，事實上，若是每個人都這麼做，使用者可能會有點凍未條。無論如何，與使用者同在，讓你獲得無法以其他方式得到的同理心，這是一項強大的機制，讓你清楚地瞭解人們如何努力運用你的產品，尤其是在你自信滿滿地認為不需要這麼做的時候。如果你確實跟使用者一起工作，請透過述說故事的方式，將你的所見所聞跟其他人分享。

在跟使用者一起測試之後，你識別出要修正的問題及改善軟體的顯著方法，而且，針對每一件事，你應該使用改進軟體的想法撰寫你的故事卡片。

建造以學習

如果你努力工作，並且相信利用故事可以防止團隊撰寫出壞軟體，你至少已經成功一半。事實上，聚焦在理解問題（及軟體如何解決問題）的所有聰明對話非常有助於打造更好的產品，但我們必須承認，建造軟體不同於組裝線（assembly line）上的工作，你不是在反覆組裝相同的產品，透過建立軟體來支援的每一個使用者故事都是獨立的新玩意兒。

敏捷開發社群的領導人之一是我先前提到的朋友，Alistair Cockburn，他曾經告訴我，「針對所撰寫的每一個故事，你必須放三張卡片到你的待處理故事（backlog of stories）中」。

我問他為什麼，他說，「做就是了。」

我說，「其他兩個應該寫什麼？」

「寫什麼都可以。」

「什麼意思？」我問道，「我總得寫某種東西吧!」

Alistair 回答，「好，如果你要在上面寫東西，那就在第一張卡片上寫下你想要的東西，在第二張卡片上寫下「修正第一張卡片」，然後在第三張卡片上寫下「修正第二張卡片」，如果你不針對每個故事經歷這個循環三次，你就學不到東西。」

在傳統流程中，學習被指稱為範疇蔓延（scope creep）或不良需求（bad requirements）。在敏捷流程裡，學習是目的，你必須有計畫地從你所建造的一切事物中學習，並且得有需要耗費一些時間的心理準備。

在第 3 章中，Eric 採用的策略幫助他打造較小巧的解決方案，並且持續迭代，直到它們變成可行的解決方案。倚賴每個釋出版本，Eric 學習到一些東西。

在第 4 章中，Mike 與 Aaron 使用的 *Mona Lisa* 策略幫助他們將每一個故事切割成較小巧、較輕量的片段，因此，他們能夠更快速地學習，並且明智地管理預算，準時完成必須交付的東西。

這些都是很好的學習策略，請自己試試。另外，你也可以發明自己的學習策略，但不要以為你總是對的，我相信你會失望的。

無論是否為軟體

在 2011 年，Kent Beck（使用者故事的創造者）舉辦了最早的 Lean Startup 研討會之一，並且提出針對 Agile Manifesto 所做的修正。若是我那麼做的話，可能被視為褻瀆神靈，但因為 Kent 是 Agile Manifesto 的創造者之一，自當瞭解其中的分寸。他修正了關於可用軟體（working software）的價值：

> 驗證的學習重於可用的軟體（或詳盡的文件）

回顧第 3 章，驗證的學習（validated learning）是源自於 Lean Startup 流程的超級概念，關鍵字是學習，而學習之所以變成驗證的學習，重點在於將學習作為生產的一部分來討論，然後回頭考量成果——反思已經學到哪些東西，尚未學到哪些東西。事實上，並非總得建造軟體才能學習，但通常而言，我們確實需要生產某個東西，或者做某件事。

我喜歡使用故事來驅動建造簡單原型所需做的工作，或者規劃訪談或觀察使用者所需做的工作，我也喜歡針對這些事情談論誰、什麼，及為什麼，我喜歡在生產某個東西之前達成共識，之後再回頭檢視它的成果，看看我們學到什麼。

> **試著利用故事來驅動任何東西的生產，**
> **無論它是否為軟體。**

計畫以學習，學習以計畫

故事地圖有助於將大型的產品或功能想法分解成較小的元件，第 3 章和第 4 章探討如何將那些較小的元件分割成可建構的區塊（buildable chunk），其中每個區塊聚焦於學習某事上，然而，有各種不同的分解方法是你必須瞭解、必須區別的，我們的工作是把故事分解成生產某個東西的計畫，那是我們在下一章會談論的事情。

第十章

像烤蛋糕般地烘焙故事

我女兒兩週前過生日，我們想要一個蛋糕。我們家有自己喜歡的烘焙師傅（我們請他做蛋糕），我們並不是什麼好野人（好額人）或者不敢自己做蛋糕，實在是這位師傅（她的大名叫作 Sydnie）做的蛋糕實在太美味，我們不確定她究竟施加了什麼魔法，但每次問小孩想要什麼生日蛋糕時，他們總是高興地大叫著，「我們要 Sydnie 蛋糕！」，事情就這麼敲定。

兩個禮拜前，為了訂蛋糕，我打電話給 Sydnie，她問我蛋糕是給誰準備的以及針對什麼場合。我告訴她 Grace 要過 12 歲生日，她問道，「Grace 喜歡什麼？」，我們聊了一下 Grace 喜歡及關心什麼，我們也談到她有什麼形狀的蛋糕烤盤，哪些蛋糕設計是可及時完成的，最後，我們同意這次就準備一個小鳥形狀的蛋糕。

這正是述說使用者故事的運作方式，Sydnie 問了許多關於誰、什麼，及為什麼的問題，並且詢問一些關於背景情境（context）的問題——什麼時候及要在哪裡吃蛋糕、多少人在場等等，對話期間，我們考慮了幾個不同選項，花了好些時間建立共識，而且，因為曾經跟 Sydnie 買過很多蛋糕，關於蛋糕最終的模樣與口味，我們已經具有一些共識。若不是這樣，我們會想要看一些照片或品嚐幾種蛋糕口味，在此情況下，電話交談就行不太通了。

建立烘焙食譜

討論期間，Sydnie 琢磨著她將如何做這個蛋糕，她必須如此，才能判斷可否及時完成。當論及烘焙蛋糕時，她有一堆事情要做——例如，秤麵粉、糖、奶油、蛋和牛奶，以及攪拌、烘烤、裝飾等，或許還有一些我不知道的神祕步驟要進行。我懷疑，根據蛋糕類型不同，Sydnie 有不同的烘焙食譜，而且，針對每一個蛋糕，在裝進蛋糕盒，準備讓客人取貨之前，還有一個檢查清單（checklist）幫忙確認一切無誤。如果 Sydnie 寫下涵蓋一切待辦事項的清單，她就擁有一個包含具體烘焙任務的工作計劃。

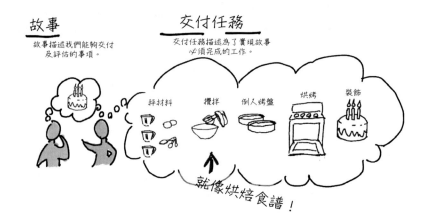

同樣的情況也發生在某人把使用者故事帶到開發團隊時，大家一同決定究竟要建造什麼，開發團隊建立工作計劃，而工作計劃由許多開發任務組成。開發團隊包括測試者、UI 設計師、技術文件工程師，或建造軟體所需的一切人員及技術。因此，任務不是只有編程，而且，就像 Sydnie 在跟我通電話時並未建立她的計劃，開發團隊在故事對話期間可能也不會建立他們的計劃，但他們會仔細聆聽、做筆記、繪製圖形、收集建立計劃所需的大量細節。至少，我們希望事情這樣發展。

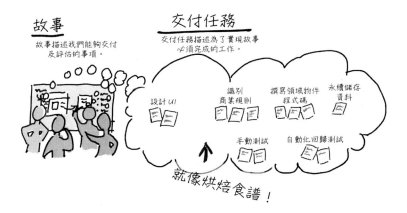

跟 Sydnie 對話時，我並未述說關於幾杯糖和幾杯麵粉的故事，而且，除非我的目標是建造烤箱，否則我不會述說關於火力及功率的問題。當你述說關於軟體的故事，並且收集一序列故事名稱時，你述說故事，想像軟體最終的行為與模樣，而且，你不只想像軟體——你思考並且談論誰使用它以及為什麼。Sydnie 不只關注蛋糕的細節，她還問我蛋糕是給誰準備的，我女兒喜歡什麼，有多少人將出席生日派對，以及許多幫助我們一同決定最佳蛋糕的相關資訊。Sydnie 不僅詢問蛋糕需求，還跟我一起決定建立理想蛋糕的最佳方式。那正是故事對話背後所蘊含的真正精神。

分解大蛋糕

不過，還有一件事，這裡有個地方經常出錯。當我們開始把故事告訴能夠將我們的願景化為實際的人們時，很快就會發現，我們的故事所描述的軟體真的很龐大（嗯，卡片尺寸沒什麼不一樣），而且，使用者試著利用它達成的目標可能不比其他東西更重要。然而，在進行討論時，我們意識到，建造達到這個目標的軟體將耗費大量時間。

當我跟 Sydnie 討論蛋糕事宜時，同樣的情況或許也會發生。我可能想像出 Sydnie 沒有烤盤可以裝盛的精緻蛋糕，或者她不熟悉的蛋糕烘焙及裝飾技術，結果將是我負擔不起的蛋糕，或者 Sydnie 無法在我女兒生日前如期交付的蛋糕。

我在第 7 章中指出，當我們想到的解決方案太過昂貴時，必須退後一步，實際檢視我們試圖解決的問題，以及試著達成的結果。而且，我們需要考慮其他替代方案，譬如說，考慮較小的蛋糕——或許一個派？

假如使用者故事描述的解決方案太過昂貴，
請考慮使用不同的解法幫助你達成目標。

假如它確實龐大，但我們負擔得起，就沒有理由將它分解得更小，對嗎？嗯，事實上是有理由的，尤其是就軟體而言，透過化整為零，我們能夠更快地看見及量測開發進度，這有助於稍微緩和出資者的緊張情緒，而且，如第 4 章的 *Mona Lisa* 策略所述，這樣能夠幫助製造產品的人進行評估，確認我們處於正確的軌道上。

假如使用者故事描述的解決方案是我們負擔得起
的，但過於龐大，就將它分解成你能夠評估且較快
看到進展的較小元件。

分解龐大故事是有技巧的，它幫助我將蛋糕的隱喻深植腦海。如果你愛吃蛋糕的話，你現在可能覺得肚子很餓——尤其在你想像的是非常讓人流口水的蛋糕。真是抱歉啦！

假設我們的故事描述著非常龐大的蛋糕，例如，給數百個人吃的超級婚禮蛋糕，那樣的話，就不是幾杯麵粉和糖的事情，而是幾袋麵粉跟糖的大玩意兒。大多數人按照相同方式分解軟體，代替一點使用者介面、一點商業邏輯，和一點資料庫互動，每一個面向都包含很多東西，但記住，軟體不是蛋糕，量二杯麵粉不比秤二磅麵粉多花什麼時間，但打造包含 20 個畫面的 UI 會比包含 2 個畫面的 UI 多出大量時間，因此，如果團隊使用看似合理的簡單分解結構，很容易就會將軟體開發分解成幾個禮拜的前端開發，幾個禮拜的商業邏輯開發等等。採取這種策略時，我們需要花費很長的時間，才能夠「品嚐任何蛋糕」（譬如說），所以，千萬別那樣做。

不要把大事情變成大計劃，而是把大事情分解成透
過小計劃處理的小事情。

現在，這個隱喻在這裡會有點卡卡的，然而，請容我再解釋一下，處理
大型軟體蛋糕的方式是將它分解成許多小型的杯子蛋糕（*cupcake*），每
一個都是可交付的（deliverable），而且每一個仍然具有類似的烘焙食
譜，包含一點糖、一些麵粉、一、二顆蛋等等。

好，現在，嚴肅一點，軟體不是蛋糕，它可能很龐大、很昂貴、而且超
高風險，在撰寫這段文字時，我才聽到晨間新聞報導美國政府的保健註
冊網站又出包了。事後放炮不難，然而，在「婚宴」之前，為什麼沒人
去品嚐一下蛋糕，卻眼睜睜地看著半生不熟的蛋糕毀了這場派對。

如果你已經從事較傳統的軟體開發工作一段時間，你可能學會把大事情
變成大計劃。我知道，我曾經那樣做。將大事情分解成較小的片段（看
起來可能不像你試圖交付的最終產品）似乎違反直覺，而且你會發現，
將這些軟體片段結合在一起時，你必須針對每個片段做一點改寫與調
整，才能夠順利整合它們。但是記住——還有許多好理由支持你這樣思
考，最大的一個是為了避免沒看到、未使用，或者太慢「體驗」軟體所
涉及的風險。把大事情分解成較小的可評估片段（evaluable parts），讓
你能夠更早瞭解及學習一些東西。

如果我正在分解蛋糕，並且，目標是更早品嚐它或者看到裝飾，我會烘焙一些杯子蛋糕，幫助我更快地學習。我會烘焙各種口味並全部品嚐看看，選擇我最喜歡的風味，並且有信心已經做出正確的選擇。如果我擔心顏色與裝飾的問題，我會檢視不同裝飾風格的杯子蛋糕，並且選出最順眼的那一個。

就軟體而言，一個杯子蛋糕是可用軟體的一部分，讓使用者評估它們是否能夠有效地完成使用者任務，並且幫忙揭露技術風險，更且，每個軟體片段都能夠幫助我們學習某些事情。

不過，一堆杯子蛋糕並不是婚禮蛋糕——或者，也算是？[1]

軟體不是蛋糕，我們所建造的每個軟體片段**確實**能夠整合成更大的可用產品，這一點跟蛋糕不一樣。

來自吾友 Luke Hohman 的傻瓜箴言 ——"half a baked cake, not a half-baked cake"（一半的烤蛋糕，而不是烤一半的蛋糕），半個蛋糕可能不夠餵飽所有婚禮來賓，但足以讓每個人品嚐一下，並且引頸期盼另外半個蛋糕的出現。

---

1 Mary 的婚禮蛋糕（感謝 Mary Treseler 提供照片）。

第十一章

岩石分解

使用者故事最初的想法相當簡單——在卡片上寫下某事，談論它，並且同意要建造什麼，然後完成建造它及從中學習的循環，就是這樣——相當簡單，對吧？假如你參與過軟體開發（即使時間不長），你知道這其實並不簡單。使用者故事需經由許多人進行大量對話，才能夠驅動產品、功能，或增強版的想法，接著將產品順利推向市場。好消息是，自始至終你都能夠利用使用者故事與述說故事的機制，相信我，它們將能夠幫助你一路過關斬將。

規模有關係

在上一章結束時，我討論到 Sydnie 的蛋糕，以及將大蛋糕分解成小蛋糕的觀念。然而，軟體不是那麼具體，它的規模無法像蛋糕那樣以英寸、公分、盎司，或公克來衡量。

原始的想法是使用者或需要某個東西的人能夠在卡片上寫下他的需求，接著，我們就能夠針對它進行討論。需要這個東西的人不瞭解如何將他的需求表達成短時間就能夠開發的東西，這是衡量過規模的需求（*need*）。

> 從使用者的觀點來看，規模合適的使用者故事是
> 滿足某個需求的故事。

當論及撰寫軟體時，以小元件的形式來撰寫、測試，及整合是大有好處的，假如可以比較快看到及測試小元件，我就能夠量測建造的速度與品質。如果可以將大軟體分解成許多小元件，我的團隊就比較容易同步處理及建造小元件。基本原則是把使用者故事分解成一些花幾天時間即可建造及測試的東西。

> 從開發團隊的觀點來看，規模合適的使用者故事是花幾天時間即可建造及測試的故事。

然而，從商業觀點來看，將包含成套功能的軟體釋出給客戶和使用者，或許是最合理的做法，如果你釋出的是全新產品，那可能是相當龐大的一組功能。我先前稱之為最小可行解決方案（*minimum viable solution*），它聚焦在為目標使用者群組達成具體的成果。理想上，企業應該設法更頻繁地釋出這些功能——讓軟體更貼近使用者的需求，或者達成較小且較具體的商業成果。但是，假如產品的客戶群龐大且多樣化，而且你缺乏支援更連續之釋出流程的基礎設施或商業模型，那麼，你的釋出規模可能會比較大。

> 從商業觀點來看，規模合適的使用者故事是幫助企業達到某種商業成果的故事。

我可以說使用者故事沒有「合適的規模」，然而，這並非事實，合適的規模是切合你的對話的規模。

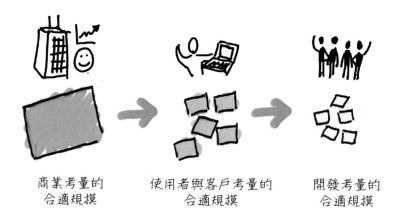

商業考量的　　　　使用者與客戶考量的　　　開發考量的
合適規模　　　　　　合適規模　　　　　　　合適規模

大故事包含許多小故事，小故事又包含更多更小的故事，取決於你在跟誰對話，你可能必須將對話「收攏」（roll up）到較高的層級。

使用者故事就像岩石

將使用者故事想成岩石（rock），如果我將一顆巨大的岩石放在地上，並且使用鎚子敲擊它，分解成 30 塊，我們會稱它們為岩石；如果你拿其中一塊，使用鎚子敲擊它，分解成更小塊，我們也會稱它們為岩石，依此類推。現在，我們對這些石頭的稱呼可能要多點創意，使用像是*巨石*（*boulder*）或*礫石*（*pebble*）之類的用語，但我不確定多大的岩石才叫作巨石，多小的岩石才叫作礫石，或許，「砸到腳上有感覺的」就是巨石。

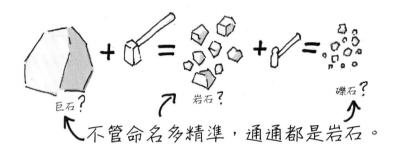

我的岩石分解工具是大鎚子，運作得相當不錯。

大故事分解成小故事，小故事可再分解成更小的故事，就像岩石一樣，並且，不管多大或多小，故事還是故事，而分解故事的最佳工具是什麼？沒錯，就是*對話*。有時候，只要動點腦筋就可以搞定，但假如你跟其他人對話或協同合作，那麼，你們必須傳播及分享共同的理解。

對話是分解大故事的最佳工具之一。

軟體人（我也是其中之一）對這裡的精確度不足可能感到不自在，在與我合作過的組織中，大多會有按規模分類使用者故事的聲音出現，但這只是「巨石 vs. 礫石」的翻版，規模精確度的問題主要跟被岩石「砸到」的人有關，這能夠解釋軟體人為什麼會陷於想要分類其使用者故事的迷思。

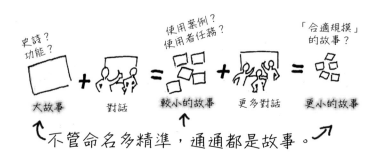

如果你正在組織中建立讓大家溝通的語彙，別一味力求精確，甚至過於吹毛求疵，故事包含什麼以及它應該多大是可以特意安排的，這是有彈性的，我們可以在整個開發循環中靈活運用這個簡單的想法。

史詩是巨大的岩石，有時被用來攻擊人

史詩或史詩故事（*epic*）是用來描述龐大使用者故事的通用術語（不確定是誰最先創造這個用語），有點類似使用巨石（*boulder*）來描述巨大的岩石。說真的，我花了幾年的時間才習慣將我們建造的重要事項指稱為故事，但現在，我完全瞭解它們為什麼這樣被稱呼，但我還在努力適應史詩這個術語。我的英國文學老師將史詩描述為英雄大戰惡魔的故事——像是 Beowulf（貝奧武夫）、Achilles（阿基里斯），或 Frodo（佛羅多）的故事——通常牽涉到某種神兵利器或神靈庇護。不好意思，扯遠了…

> **史詩是我們預期龐大，**
> **並且知道需要被分解的故事。**

給龐大故事一個稱呼不是問題，但是得當心，史詩這個詞有時被當作一種攻擊武器，我經常看到某個開發團隊成員跟企業主、產品經理、使用者，或者提出需求的人咬耳朵，指出目前的使用者故事是一首史詩，而非故事，並暗指故事撰寫人犯了某種錯誤，致使她意圖找人開刀，嫁禍開發人員。因此，拜託一下，如果你是團隊成員，請不要使用史詩這個詞作為譴責他人的武器，這無助於開啟建設性的對話（甚至很可能促成早產的結論）。

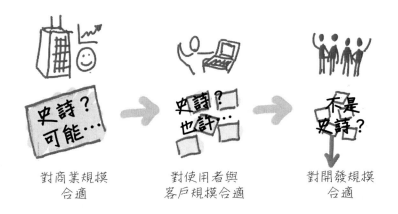

對商業規模
合適

對使用者與
客戶規模合適

對開發規模
合適

記住，從商業、客戶，或使用者的角度來看，史詩可能是合適的規模 —— 但從開發觀點來看就不是。協同合作，分解它們，但仍保有史詩，因為你必須跟人們討論它，以及所有從中分解出來的小故事。

如果你正在使用支援敏捷開發的電子工具，很可能運用史詩的概念作為龐大的父故事（parent story），它可以進一步被分解成許多較小的子故事（child stories）。

主題組織故事群

使用主題（*theme*）這個詞描述一群相關聯的故事。隨著你開始分解岩石 —— 分解那些大故事，並且將它們組織成人們想要的、能夠使用的、並且有辦法建造的產品 —— 最後會得到許多較小的故事。我將主題想成是能夠用來收集一堆相關故事的麻布袋（sack），我可以利用主題收集下一個釋出版本需要的故事、同一項功能的故事、與特定使用者有關的故事，或者具有某種關聯性的故事。不過，我的隱喻可能需要略作調整，因為同一個故事可能屬於兩個不同的主題，但同一塊岩石不可能同時存在於兩個麻布袋中。

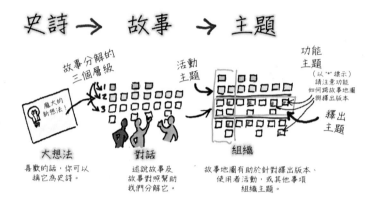

史詩 → 故事 → 主題

故事分解的
三個層級

活動
主題

功能
主題
（以 "*" 標示）
請注意功能
如何跨故事地圖
與釋出版本

釋出
主題

龐大的
新想法！

大想法
喜歡的話，你可以
稱它為史詩。

對話
述說故事及
故事對照幫助
我們分解它。

組織
故事地圖有助於針對釋出版本、
使用者活動，或其他事項
組織主題。

如果你使用某項好工具幫忙組織敏捷故事（Agile stories）的群組，它可能支援把故事組織成主題的概念，你可以簡單地根據它們的本質來參照主題：下一個釋出版本、功能，或者與特定使用者類型相關的故事。

忘掉那些術語，把焦點聚集在述說故事

史詩與主題的術語已經融入敏捷生命週期（Agile lifecycle）管理工具、某些敏捷方法，以及用來討論故事的通用語言。因此，你必須知曉並且理解它們。

現在，把那些術語放一邊；甚至忘記我曾經提及，至少一下子。後退一步，檢視一下整個岩石分解的生命週期，在這個循環中，我們從大想法（可將它想成大岩石）開始，一路將它們分解成可用軟體的小片段，然後將這些小片段重新組裝成功能、產品，以及客戶和使用者想要的釋出版本。

從大觀點來看，岩石分解循環看起來像這樣：

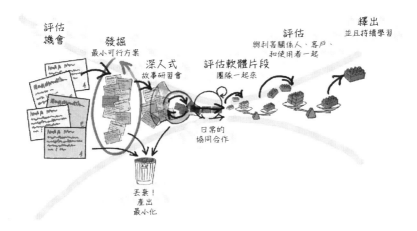

現在，讓我們深入細節。

從機會開始

故事的旅程從想法（idea）開始，它可能是新功能或全新產品的想法，可能是改善既有功能的變更，可能是我們需要解決的問題，但我會使用機會（*opportunity*）這個詞，因為它是我們即將從中得益的機會，我建議你列出這些機會，我稱它們為機會待處理項目（*opportunity backlog*）。

最初的故事對話是關於誰／什麼／為什麼的較高階討論，主要目標是進行 go/no-go 決策（決定繼續進行或停止），go 並不表示將建造它，而是表示我們將深入討論，實際瞭解這個故事，但假如我們從一開始就發現它是個爛主意，就不會想要花時間做這件事。no-go 是「丟棄」的委婉說法。所以，讓我們稱此為前進／丟棄（go-forward/trash）決策。記住，要建造的東西總是太多，在浪費大家太多時間之前，將平庸的機會先去除掉，確實是一件值得稱頌的事情。

> 利用機會討論（*opportunity discussions*），決定問題是否值得解決－亦即，進行前進／丟棄的決策。

發掘最小可行方案

既然選擇前進，現在該是深入探討的時候了。利用發掘（discovery），尋找值得建造的解決方案，而且，別忘了最小化這個解決方案，盡可能讓它既精實且有價值。

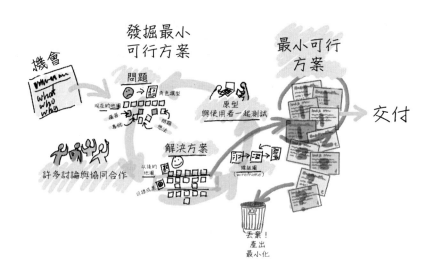

在發掘期間，你會深入探討：

- 你相信哪些客戶和使用者將使用你的解決方案
- 沒有你的解決方案，他們目前如何滿足他們的需求

- 你的解決方案將如何改變他們的世界
- 你的解決方案可能採用什麼樣的行為與外觀
- 你的解決方案可能花費多久時間建造

在發掘期間，有很多實務做法可以幫上忙，特別是故事對照。故事對照幫助你瞭解人們目前如何工作，然後對照及描繪你的想法，說明在你的解決方案被建造之後，事情會有什麼改變。

在發掘期間，務必認真檢視我們的假設並且驗證它們，這可能需要更深入的分析，才能夠瞭解相關的商業規則或外在限制。我們應該花時間與客戶和使用者相處，直接理解他們如何工作。這應該牽涉到為你的解決方案建造原型，並且與你的目標使用者一同驗證，包括打造技術性原型，以克服技術面的風險。

> 利用發掘對話（*discovery conversation*）和探索
> （*exploration*），找出精實、可行的解決方案。

在解決方案的各個部分中，有些是你可以放心丟棄的，有些是你可以先放回機會待處理項目中，於其他地方再處理的。我們的機會可能是一些大岩石，然而，那些岩石裡頭有一些鑽石和貴金屬，分解那些岩石，從中分離出真正有價值的部分，並且開心地把那些不重要的東西丟棄。

在發掘期間，你可以選擇建造一些幫助你學習的小東西——具體地說，UI 或架構原型。

Spike[譯註] 這個詞用來描述針對明確學習目標所做的開發或研究，源自於 **Extreme Programming**（極限編程）社群，該社群用它來表示可能不產生要交付之軟體的工作。請利用故事來描述「讓團隊建造某物以學習」的 **Spike**。

建立信心之後，你獲得一小群應該建造並且釋出給客戶與使用者的故事子集，接著，將它們繼續演進為交付物。針對促成有價值之產品釋出的故事子集，我稱它們為**釋出待處理項目**（*release backlog*）。

[譯註] 或稱作「探針實驗」。

在交付期間，深入每個故事的細節

我們的機會一開始可能是大岩石，發掘對話（discovery conversation）分解它們，並且將岩石與貴金屬分開，然而，假如可以盡可能地將它們分解成小片段（切記，每個片段仍必須是我們能夠建造及從中學習的東西），交付（delivery）工作將運作得最迅速且最有效。我們需要透過更多對話，更深入探討這些東西。

想像有一台很棒的岩石分解機：一頭載入內含各種貴金屬的大岩石，另一頭吐出大小適中的小岩石，準備進入下一個開發循環。我會將這台機器貼上 *story workshop machine* 的標籤，這個名稱正好描述我們要做的事情。

我們將與開發者、使用者，及參與軟體建造的其他團隊成員進一步討論，深入當中的細節，這些是「最後的最佳對話」（last best conversations）──在當中，我們必須同意要*確認*的事項，或者我們所建造之軟體小片段的驗收準則（acceptance criteria）──因為接下來我們就要開始建造它們了。因為我們知道那些是分解軟體的對話，我們將利用這些對話把我們的故事變成適當的規模與形狀，以便放進下一個開發衝刺（sprint）或迭代（iteration）。

> 利用深入式故事研習會（*deep-dive story workshop*）
> 來討論細節，分解故事，並且針對我們
> 究竟要建造什麼取得共識。

我喜歡把這些最後的最佳故事對話稱作故事研習會（*story workshop*），因為大家都知道會議是缺乏生產力的，但研習會是為了完成工作，它們可以按需要來舉行，甚至每天進行，它們有時在規劃議程（planning session）期間突然發生，在 Scrum 敏捷流程中，它們可能發生在所謂的 *backlog grooming session*（待處理項目梳理議程）或 *backlog refinement session*（待處理項目精化議程）中，無論你怎麼稱呼這些討論，確認你有進行這些對話。

一邊建造一邊對話

story workshop machine 將產出交給下一個機制──Agile delivery machine。在一頭，我們將合適規模的小故事放進去，在另一頭，經過琢磨的可用軟體片段（或者，你的故事描述要建造的東西）出現。

不管多努力，即使是最後的最佳故事對話，也無法預測開始建造之後你會學到的「一切」。請規劃每天進行常態性的專用故事對話，將它們導入你的每日站立會議（daily standup meeting）中。

日常的
協同合作

如果你是開發者，而且你在故事討論中反覆琢磨的細節不足以回答當前的問題，別陷入膠著，找人談談，讓討論繼續進展下去。在此，你不能一味地歸責於不良的需求（bad requirements），記住，在當初開始之前，你已經與其他人協力合作，一同識別出需要建造什麼。然而，你我皆凡人，錯過一些東西並沒什麼大不了。

如果你是產品負責人、UX 設計者、商業分析師，或其他幫忙決定要建造什麼的人，別害怕離開你的辦公桌，去看看開發工作進行得如何。相信我，一旦看到某事在運作，你就能夠看見某種有用的東西，而且你也很有可能能夠提供一點回饋意見。

> 在進行建造工作時，利用對話填補一些細節，並且
> 針對正在建造的東西提供一些回饋意見。

評估每個軟體片段

當完成的可用軟體片段從 Agile delivery machine 中滾出來時，幫忙描述要建造什麼及建造它們的人即可稍作暫停，仔細檢視一下我們的成果。

記住，這些 "machine" 不是真的機器，你與共事者並非機器裡的嵌齒輪，而且剛剛完成的軟體片段也不是完全相同的小零件，它們全都是不一樣的東西。

停下來，認真檢視目前所建造之解決方案的品質，好好反思一下，你的計畫真的有效嗎？真的完成你預期的東西嗎？是不是多花費很長的時間？或者只花費較短的時間？或者，符合你的想像嗎？確實討論這部「機器」的運作情形，這正是讓我們調整或改變工作方式的良好契機，以便獲得更好的品質，並且更能夠預測事情的發展。

> 經常反思產品的品質、你的計畫，
> 以及你的工作方式。

在 Scrum 中，第一輪評估被稱作**衝刺審查與回顧**（*sprint review and retrospective*），不管你怎麼稱呼這些要停下來進行審查與反思的時間，請確認你有老老實實地進行這些工作。

與客戶及使用者一起評估

記住，你所建造的東西並不是為了你——至少通常不是，你必須將它們呈現在客戶及使用者面前，瞭解他們的切身感受。對某些人來說，他們只看過原型（prototype）、線框圖（wireframe），或文字描述，實際見到及接觸真實的運作狀況，能夠幫助他們評估是否獲得合適的產品。

然而，從 Agile delivery machine 產生的這些軟體小片段可能不足以讓他們做判斷，在我的心智模型裡，我想像每一個軟體片段累積成堆，放在老式天秤的一端，另一端是砝碼，砝碼上寫著「足夠」兩個字；亦即，足夠與客戶和使用者一起進行測試，還有，足夠讓他們和我們學到某些東西。

足夠通常表示讓使用者完成任務或達成有意義之目標的完整畫面或連續幾個畫面，而且，我不是要展示及表演給使用者看，我並不期待他們說「太棒了」。事實上，我是在尋求學習的契機——通常的形式為：「不太對喔」以及「假如…會比較好」。

> 從測試中學習，跟客戶和使用者一起測試
> 有意義的可用軟體區塊。

與商業利害關係人一起評估

你的組織中可能有其他人受益於你建造的軟體，他們可能不是每天在使用它的人，但是他們很關心你的軟體是否能夠盡快交付給客戶和使用者——或者，至少如期交付。

利用審查（review）的機會讓他們看看產品的當前狀況，談談你目前正處於更大計畫的什麼位置，記住，他們對你是否按照計畫完成一堆個別的小片段可能沒什麼興趣，他們在意的是最小可行方案的進展——因為那是我們能夠釋出、並且可以讓外界從中獲益的最小版本，因此，跟他們分享你與使用者或客戶一同進行的測試結果，他們會有興趣瞭解那些東西。

> 讓組織裡的利害關係人清楚地
> 瞭解產品的進展與品質。

釋出並且持續評估

最後，我想像一個天秤，在這個天秤上，我將大家一起審查過、測試過，以及利害關係人已經瞭解的各個片段堆疊上去。很湊巧，這個天秤非常類似於我們在二個步驟以前所使用的天秤（與客戶和使用者一起評估），而且，就像那個天秤，砝碼上寫著「足夠」——但是這一次，那表示足以釋出給客戶與使用者，並且產生我正在尋求的結果。當天秤平衡時，就將它交付給客戶和使用者。

然而，別駐足不前，還有一些東西要學呢！如果你跟第 3 章的 Eric 一樣，學習是你的主要目標，那麼，你必須使用統計數據來瞭解人們是否及如何使用你的產品，你必須透過面對面的對話來瞭解他們為什麼使用或不使用它。如果你預測人們會使用你的產品，而且他們和你的公司將受益於它，不要只是假設，運用統計數據與對話，確實掌握實際的情況。

請利用統計數據，並且訪談使用者，
確實掌握你的目標是否被達成。

如果這是專案，你已經大功告成——因為你完成了交付，然而，你正在生產某個東西，它是產品。產品的生命從它被釋出之後開始，當你開始注意人們使用你的產品做什麼事情時，我保證，你會發現許多改進的機會，將那些事項記錄下來，並且反饋到這個模型的一開始。

這是**生生不息**的循環——或者，至少對使用者故事來說，確實如此。

本章探討了關於岩石分解的林林總總，那麼，究竟誰應該處理岩石分解？我很高興你有這個疑問，因為那正是下一章的主題。

第十二章

岩石分解者

常見的敏捷實務中存在著一種很不好的錯誤假設：有一個人負責撰寫使用者故事，並且主導所有故事對話。在 Scrum 敏捷流程裡，這個人被稱作產品負責人。這個邏輯行不通的主要原因有兩個，更且，可能還有許多其他較小的理由。

主要原因 #1

在故事逐漸成形的過程中，從模糊的想法發展到能夠建造的具體小事項，需要進行的對話真的是太多了，一個人不足以照顧到所有這些對話，而且，如果你的流程必須要有一個人專職這件事，那麼，你很快就會發現這個人變成整個流程的瓶頸。

主要原因 #2

一個人無法進行對話，並且提供找到最佳解法的專業技術與多樣化觀點，這真的需要具備不同才能的人們通力合作。

> 要求單一產品負責人撰寫所有使用者故事，
> 並且參與一切故事對話，是絕對行不通的。

別誤會，在我的觀點裡，就良好的產品開發而言，產品負責人是至關重要的領導者，他必須讓產品和整個團隊聚焦，並且朝相同的方向移動。

另一個替代選項是委員會設計（design by committee）——相當糟糕的反模式。在委員會中，每個人都有相等的發言權，當時間與資源只夠做一件事情時，大家互相妥協，各退一步。我的前妻與我在選擇餐廳時經常這樣做，她想吃海鮮，我愛吃墨西哥菜，妥協的結果就是去吃我們兩個

都不是很喜歡的餐館。另一方面，當委員會不受時間與資源的限制時，我們一網打盡，什麼都做。你一定使用過這樣的軟體產品：產品的功能多如過江之鯽，然而，最大的問題是找不到需要的功能，或是記不住如何使用它。

有成效的產品負責人讓自己置身於進行良好決策所需要的人們之間，廣納眾人的專業和意見，但最後，當資源受限或產品處於危急關頭時，他們必須做抉擇，而且，總有人不滿意他的決策。我的朋友 Leisa Reichelt 說得好：「社群設計不是委員會設計…設計從來不是民主的。」[1]

有價值的－可使用的－可建造的

在《*How to Create Products Customers Love*》（SVPG Press）一書裡：Marty Cagan 指出產品負責人的責任是辨識出有價值的（valuable）、可使用的（usable），及可建造的（feasible）產品，第一次讀到這些文字時，我的腦海裡浮現一張簡單的文氏圖（Venn diagram，或稱范氏圖），在當中，我們想要的解決方案是對公司與客戶有價值、對使用者有用處、在給定時間與資源下具有可行性的交集。

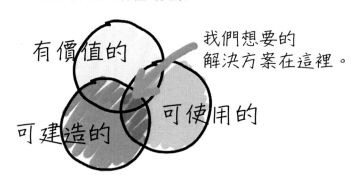

然而，這裡不太明顯的是，為了確實識別出位在中央甜蜜點的解決方案，瞭解商業、客戶、使用者，和相關技術的人們必須協同合作──而且，這些人不只需要瞭解這些事情，而且願意為這些解決方案的成敗承擔責任。這些人必須實際跟利害關係人、客戶，和使用者溝通；實際設計及測試使用者介面；實際設計及測試讓產品順利運作的程式碼。

還記得敏捷開發的那個錯誤觀念嗎？「單一產品負責人或產品經理決定要建造什麼」，單單一個人幾乎不可能兼備找出解決方案甜蜜點所需要的一切技術（商業、UI 設計與工程技術等），因此，大部分強效組織會利用小型的跨職能發掘小組（cross-functional discovery team），透過協同合作來找出合適的解決方案。如前一章的討論，將發掘（discovery）想成是岩石分解的工作，在當中，我們將使用者故事從模糊的大想法轉變成能夠建造的具體小片段。

由產品負責人領導的跨職能發掘小組統籌協調產品發掘（*product discovery*）的相關工作。

發掘小組（discovery team）的理想規模是 2 到 4 人——大概是適合進行晚餐聊天的人數，好讓團隊成員能夠迅速建立共識。

這個小組應該由熟知企業願景與策略以及產品市場的產品負責人或產品經理來領導。這個核心小組包括瞭解使用者的人，他必須跟使用者充分合作，從中學習，並且能夠草繪及建立簡單的 UI 原型。這個核心小組也包含來自建造團隊的資深工程師，他必須理解當前的系統架構，並且洞悉能夠用來解決棘手問題的較新進工程技術。這裡有個秘密，最創新的解決方案經常來自於洞察商業問題與使用者問題的工程師。

富凝聚力的發掘小組是強大、機動的專家小組,能夠洞悉問題,並且迅速驗證解決方案,我經常聽到 *triad*(三人小組)這個術語被用來描述這個核心小組。我最近造訪位在雪梨的 Atlassian 公司,Sherif(第 8 章曾提過)指著三個緊鄰的座位,他解釋,這是 triad 坐的地方,團隊其餘成員的座位、桌子、和電腦圍繞在外。我聽過 *triad* 這個詞被應用在發掘小組包含二個人、四個人、甚至更多人的情況,因為它代表的是我們正在討論的三個關注點——有價值的、可使用的,以及可建造的——而不是固定三個人。

> 包含使用者經驗、設計專業,和技術專業的
> 核心小組全力支援產品負責人。

發掘小組需要眾人協助才能成功

有效的發掘牽涉到各方協同合作,不只開發團隊,還有商業利害關係人、主題專家(subject matter expert)、客戶和終端使用者(end user)。這是一項艱難的工作,需要一流的溝通技巧與促進引導技能(facilitation skills),再加上每一個團隊成員貢獻的專業知識。

真正的秘密在於，任何重要的產品都需要由團隊齊心建造，為了讓產品願景清楚明白，請確認團隊的解決方案是富凝聚力的，並且有助於讓每個人朝相同方向前進。良好的產品領導人至關重要，出色的領導人聚焦於幫助每個人負起責任，在健全的故事驅動環境裡，你會不時看到許多故事對話在進行著，而且當中有很多都不需要產品領導人的參與。

Three Amigos

Three Amigos!（正義三兄弟，或譯神勇三蛟龍）是 Steve Martin、Chevy Chase，與 Martin Short 在 1986 年主演的一部看似平常的西部喜劇，那麼，這部電影跟敏捷軟體開發和使用者故事有何干係？嗯，在該劇拍攝過程中，三個演員看法一致，都認為對方趣味橫生，妙不可言，而且彼此合作無間，這麼棒的策略鐵三角對故事研習會的運作深具啟發性。我不確定是誰先提出 *"three amigos"*（三個朋友或鐵三角）這個名稱，但它似乎在人們心中留下了根深蒂固的印象[2]（我相信，假如有更多人看過那部電影，這樣的印象就不會那麼牢不可破）。

你可能記得**故事研習會**（*story workshop*）是我賦予「最後的最佳對話」（last best conversation）的術語，在當中，我們決定究竟要建造什麼，而這就是 three amigos 大顯身手的地方。

在最後的最佳對話期間，我們必須實際考慮諸多實作細節與替代做法，因此，我們需要來自軟體建造團隊之開發者的協助——最好是實際建造軟體的開發者之一。

對於要被視為完成的小軟體片段來說，它需要被測試，因此，這個對話過程需要測試者的參與。測試者——**第一個** amigo——通常會帶著嚴苛的眼光參與討論，比多數人更早看出可能出錯的地方，測試者通常最擅長玩 **"What-About"**（…如何？）的遊戲。

當然，我們需要瞭解我們正在建造什麼、為誰建造，以及為什麼建造的人員。因此，我們需要核心產品發掘小組的成員，這是你的**第二個** amigo。

2　Ryan Thomas Hewitt 發佈在 Scrum Alliance 網站的文章解釋了 three amigos 風格的故事研習會：*http://bit.ly/Utg8er*。

在此階段，我們通常不引進新的功能想法，我們可能已經在發掘過程中完成這件事。現在，我們或多或少都已經承諾要建造某些東西，因此，務必明確瞭解這個軟體的外觀與行為。通常，為此而參與對話的人是實際處理這些細節的使用者經驗設計師或商業分析師，這是你的第三個amigo。

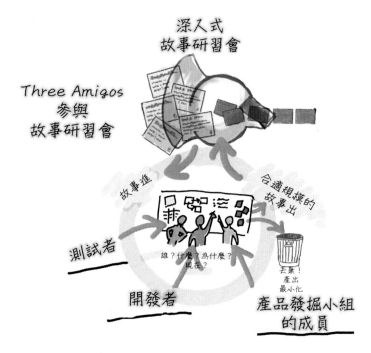

這群人將檢視各個細節，並且同意故事的具體驗收標準，從對話結論中，我們能夠盡量準確地估計建造及測試軟體需要多少時間，而在對話期間，我們經常會決定將故事分解成「規模合適」的較小開發故事（development stories）——每個故事大約花一到三天來建造及測試。

隨著我們的想法在軟體開發過程中不斷演進，故事對話持續發生，在每個對話裡，讓討論聚焦在有價值的、可使用的、以及可建造的事情上，把能夠提供寶貴意見的人納入討論，讓產品負責人主導成功且富凝聚力的產品，避開委員會設計的反模式。

Client-Vendor 反模式

有一種反模式阻礙著使用者故事的妥善運用，事實上，它會阻撓人們協同合作，致使大家無法好好處理任何事情，那就是令人驚恐畏懼的 Client-Vendor（客戶－供應商）反模式。

在這個反模式中，對話中的某個人扮演客戶（client）的角色，另一個則扮演供應商（vendor）的角色。客戶負責弄清楚他想要什麼，並且對供應商解釋當中的細節，我們稱之為「需求」（requirements）。供應商負責傾聽、理解，然後針對客戶要求的東西想出完成交付工作的技術性解法；接著，供應商提出估計（estimate）—— 在軟體術語中，這實際上表示「承諾」（commitment），因此，開發者通常很害怕不經徹底調查就隨便提出估計。

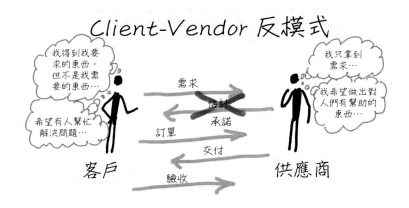

不難預料，結果應該不如人意。

偶爾，估計非常準確，客戶得到他想要的東西，而且他想要的東西實際上正是他需要的東西。

然而，大多數時間，建造解決方案所需花費的時間比供應商預計的還要長。扮演供應商角色的人會為延遲找出各種理由，包括他所拿到的需求缺乏細節，或者根本就是不良的需求，而客戶會怪罪不精確的估計——好像沒有人注意到這是互相衝突的說法。當這個解決

方案被交付時，扮演客戶角色的人收到他要求的東西，然後有機會使用它，並且意識到這並非他需要的東西，完全不是他想像的結果。

真正的悲劇是，扮演客戶角色的人瞭解問題的程度遠勝於預測問題的解法，而瞭解技術的人往往最有能力解決問題，因為他知道如何運用技術克服困難。更且，大多數技術人員都是真心想要幫忙，想要知道他們建造的東西確實能夠發揮良能。

然而，在 client-vendor 反模式裡，關於問題與解法的對話被替換成針對需求進行討論及行使同意，沒有人真正獲益，最終導致雙輸的局面。

使用者故事的目標之一就是打破這種反模式。

對我們當中的許多人來說，一種打破這種反模式的關係（如果運作順利的話）就是我們跟醫生的關係。試著到醫生的診間，提出你的「需求」，請他寫下你要的處方，或者請他安排你要的手術，假如他人不錯的話，他會笑著說，「您真幽默，來，告訴我哪裡不舒服」。

我的腦海裡浮現一個連續性的量尺，一頭是服務生這個字，另一頭是醫生這個字，盡量讓你的工作關係比較像良好的「醫生與病患」關係，而比較不像「服務生與用餐者」關係。

產品負責人猶如音樂製作人

假如你身處於較傳統的 IT 環境，產品負責人（product owner）的觀念可能有點讓人感到困惑。舉例來說，如果你正在幫銀行建造重要的系統，銀行知道真正的產品是販售給客戶的金融服務，如果某人的正式職稱是「產品經理」，他的責任應該是照看特定類型的銀行帳戶或信貸商品，而支援這項服務的電腦系統只是拼圖的一小塊。通常，相同的 IT 基礎設施支援各種不同的金融商品，可以理解，銀行通常不會將這個基礎設施視為一種產品，而且，通常不會有人擁有（own）它。

在這類組織中,商業分析師(business analysts,BA)經常被安排為「需求蒐集」(requirements gathering)的角色,他們將扮演開發者與商業利害關係人(如金融或保險商品的產品經理)的中間人,當商業利害關係人需要改變支援其商品的 IT 基礎設施時,他們會跟 BA 描述那些變更,在此,他們扮演 client 的角色,而 BA 則扮演 vendor 的角色,於是乎,client-vendor 反模式又出現了。

在偶然一場對談中,我的朋友 David Hussman 針對 BA 與商業利害關係人應該保持什麼關係提出了比較好的隱喻——音樂製作人與樂團的關係。David 會這樣比喻其實其來有自,因為除了是一位敏捷開發專家之外,他也是一個 80 年代重金屬樂團的前吉他手,他與製作人合作,而且本身也是製作人。在這個關係中,樂團懷抱著熱情與天份踏入音樂產業,然而,他們不瞭解音樂產業或錄製專輯的機制,但音樂製作人懂,幫助樂團盡可能完成最成功的專輯是音樂製作人的責任,成功的製作人能夠將才華洋溢的素人轉變成閃亮耀眼的暢銷音樂家。

身為 IT 產業的商業分析師,你必須正視商業利害關係人的願景,幫助他們成功實現願景。你不能夠只是幫忙點餐——你必須像醫生一樣,做更多的事情,有時這意味著,你必須告訴利害關係人他們不想要聽的事情,但如果你真心想要幫助他們獲致成功,他們會明白,並且珍視你的悉心協助。

> ### 在你擔任產品負責人處理其他利害關係人的想法時,請扮演音樂製作人的角色,幫助他們邁向成功之路。

一種潛在的反模式是讓商業利害關係人承擔產品所有權(product ownership),我說「潛在」是因為:假如商業利害關係人能夠得到其他團隊成員的大力支援與協助,並且熱切地想要學習如何成為產品負責人,同時願意將大量時間與精力投注在這件事情上,這種情況還是有可能順利運作的。然而,產品所有權可不是一項小責任,不該被視為僅利用餘暇時間即可完成的任務。代替將其他工作強加於商業利害關係人身上,建議你找個「專業製作人」幫助他們成功完成任務。

這是很複雜的

雖然核心觀念相當簡單，但整個使用者故事的相關事宜卻是非常紊亂的，假如有人告訴你軟體開發（或產品開發）很簡單，別信他，他在說謊。

使用者故事同時牽涉到諸多事務——卡片、建造的軟體區塊，以及（特別是）針對應該建造什麼進行討論的各種對話。使用者故事能夠描述很大的機會，也可以表達幾近微不足道的交付片段（它們本身對客戶和使用者未必有意義）。操作使用者故事是連續的對話與討論過程，將它們從大事情分解成小事情，而且，在所有對話中，我們不僅聚焦於能夠建造什麼，並聚焦在為誰及為何建造。故事對照只是一個機制，幫助我們分解大事情，同時將對話聚焦於產品使用者身上以及讓他們獲得成功的因素。

如果這一切對你開始有意義，那麼，你的觀念與心態已經產生必要的大轉變。這可不是改用故事來整理需求文件，而是變成以更有效的方式跟人們合作，一起聚焦在使用產品解決實際的問題。

希望你同意這是一件美好的事情。

第十三章

從機會開始

請容我再次指出使用者故事就像岩石,將它分解成較小的石塊時,還是可以將那些石塊稱作「岩石」——只是比較小顆而已。然而,總是有個開始,我們必須仔細檢視它,判斷是否值得分解,讓我們稱它為「岩石零」(rock zero),而在我們的故事流裡,我會稱它為機會(opportunity)。

我使用機會表示我們相信能夠解決問題的想法,我不是純粹的樂觀主義者,只不過,將一切想法都視為必須包含在產品中應該不是什麼好主意,因為你明白,我們沒有足夠的時間與人力可以建造一切功能,而且,即使你有時間與人力,你的客戶恐怕會被你搞得眼花撩亂、頭昏腦脹。

針對機會進行對話

當我們想到好主意時,這些想法通常相當龐大——但不必然。在使用者故事的術語中,你可以稱它們為史詩(*epic*),但我喜歡把它們稱作機會(*opportunity*)。不管怎麼稱呼,它們還是使用者故事,而我們針對它們所做的初始對話是為了決定是否要跟它們一起前進,或者將它們丟棄。針對每一個機會,我們可以討論:

它們是為了誰

在此層次,通常是為了不同群組的使用者、客戶,或某個目標市場。

我們在解決什麼問題

針對每一種類型的使用者，我們可以討論我們正在為他們解決什麼問題。我們必須探討他們目前如何解決他們的問題、競爭者的產品，或甚至我們的產品目前對他們造成什麼痛苦。

我們的想像

對於產品與功能應該如何，我們可能有一些想法。我們應該討論那些想法。

為什麼

這是討論為這些使用者建造軟體為什麼會讓我們的組織受益的好機會，解決使用者的問題通常是不夠的，我們也必須考慮進行這項軟體投資的最終報酬，以及這項投資是否跟我們的當前商業策略一致。我的意思不是說我們需要計算投資報酬率（ROI），因為任何能夠在這個階段做這件事情的人需要的可能不只是使用者故事。只要概括討論我們的想像——如果建造它，會為我們的組織帶來什麼好處。

規模

在此層次，即使龐大，我們還是可以開始推估開發時間，然而那並不會很準確。檢視機會，並且把它跟你已經做過的某事進行比較：「聽起來很像我們在上一版處理過的某個功能，那花費二、三個禮拜的時間才完成，因此，這可能需要差不多時間。」為了幫忙決定我們是否應該針對這個想法繼續討論，最好瞭解我們正在討論的事情究竟需要花費幾天、幾週，或幾個月才能夠建造完成。

我將這一堆故事稱作機會待處理項目（*opportunity backlog*），但還不確定是否應該建造它們，或至少不應該建造。切記，我們的時間總是不足以負荷我們的想法，找出跟組織的商業策略一致的機會，為客戶與使用者解決問題，充分討論，審慎進行 go/no-go 的決策。

深入探索、丟棄它、或考慮它

"Go" 不表示「我們即將建造這個東西」，而是說，我們將繼續針對這個機會進行更深入的發掘討論。在發掘期間，我們需要進行大量討論——可能是跟辦公室以外的其他人。如果這是新功能或全新的產品，我們就必須更深入地瞭解客戶和使用者，以及他們目前如何解決他們的問題。理想上，我們會直接跟他們交談，探索不同的解決方案，並且為它們準備原型（prototype），這需要許多比較深入的討論，根據你與團隊學到的東西，決定你們究竟要建造什麼，才會對客戶、使用者，以及你的組織有價值，而且，在完成所有探討之後，你仍有可能決定丟棄某個想法。

"No-go" 並非機會討論的不良結果（甚至是好結果），記住，我們擁有的時間總是比需要的建造時間來得少，假如討論結果顯示這個機會看起來沒希望，就馬上丟棄它，邀請擁護這個想法的人參與討論是個好主意，希望他們也能夠獲得共識。

你的小組可能缺乏足夠的資訊決定 go 或 no-go，如果情況如此，列出你們需要知道（或學習）的東西，並且一起努力獲取需要的資訊。

如果還是無法決定 go 或 no-go，你總是能夠將它放回機會待處理項目，稍後再做討論，這被稱作 *procrastination*（推延），我經常這麼做。

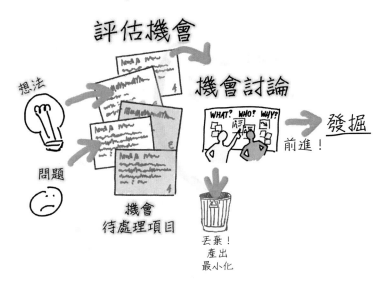

機會畫布

檢視產品機會時，我一開始採用 Marty Cagan 的 Opportunity Assessment（機會評估）模板，近來，我逐漸愛上畫布驅動的做法（*canvas*-driven approach），這個方法檢視商業模型（business model），如《*Business Model Generation*》（Alexander Osterwalder 與 Yves Pigneur 著，Wiley）[譯註] 一書所述，這是讓群組協同合作、一起評估新創企業（startup business）的有效機制，但對我及大部分共事者來說，我們通常不是在探討開創新事業或者發佈新產品，而是在考慮要把下一個重要功能增加到既有的產品中。無論如何，你絕對可以運用類似的畫布法來評估產品機會。

畫布（*canvas*）在空間上組織資訊，龐大的畫布將所有資訊集中於一處，讓群組能夠看到並且操作它，這是投影片或列印文件很難做到的，而且它的組織結構讓你看見當中的依存關係（dependencies），某個資訊片段通常與它所倚賴的其他資訊片段相鄰。

畫布看起來就像這樣：

 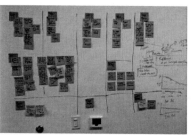

大家一起以畫布的形式收集資訊，就像這樣：

[譯註] 繁體中文版書名為《獲利世代：自己動手，畫出你的商業模式》，早安財經文化出版。

討論期間，許多文字
與圖片具體呈現我們
的想法。

← Matt

使用畫布法具有下列好處：

- 你可以在單一視圖裡看見機會的各個重要關注點。
- 你可以看到這些關注點之間的關係。
- 透過協同合作建立畫布，因而產生共識、責任感與凝聚力，讓每個人做出貢獻。

產品發掘團隊最初根據目前瞭解的狀況填寫畫布，讓利害關係人、主題專家，以及你認為會將重要資訊帶進對話的人參與畫布作業。

使用便利貼，讓你在討論過程中更容易改變想法，隨著你獲悉更多資訊，反覆改進畫布的內容。

你可以從第一個方框開始處理畫布，一路進行到第九個方框。無論如何，如果你針對某個方框沒有好答案，就記錄你確切知道的事情或目前的假設，並繼續往下走。

以一個流動順序填寫畫布，並以另一個流動順序讀取它

畫布裡的方框按照可用來討論機會的合理順序來編號，然而，跟其他人分享畫布時，你可能想要從左讀到右，從上讀到下。你會注意到，從左到右的流動就是從「現在」到「以後」（早先介紹的「產出 vs 成果」模型）；同樣地，你也會注意到，從上到下的流動就是從「使用者需求」到「商業需求」。

重點不在於要填寫的表格,事實上,這是一組討論主題,可以反覆精煉你的理解。記住:「社群設計不是委員會設計」,當中牽涉到大家彼此幫忙,促進學習,但最後,關於機會的 go/no-go 決策落在產品負責人的肩上,最好的產品負責人充分利用團隊的協助來進行決策,而且往往發現他與團隊的認知是一致的。

下面是 Opportunity Canvas(機會畫布)的空間流動順序。

1. Problems or Solutions(問題或解決方案)

理想上,我們應該從試圖解決的明確問題開始,不過,世界總是不完美的,我們拿到的關於功能或增強版的想法經常不清不楚,往往需要回過頭去瞭解問題。就從你擁有的資訊開始吧。

Solution ideas(解決方案的想法)

列出關於產品、功能,或增強版的想法,這些想法為你的目標使用者解決問題。

Problems(問題)

未來的客戶和使用者目前面臨什麼問題?你的解決方案試圖解決這些問題?

如果你正在打造遊戲類的娛樂產品,或者在社群網路上分享有趣事物的工具,它們可能沒有真正的「問題」需要解決,只是想要讓大家開心一下。

2. Users and Customers(使用者與客戶)

什麼類型的客戶和使用者面臨你的解決方案試圖解決的挑戰?尋找使用者在目標上的差異,或者影響其產品使用的因素,根據那些差別,將客戶和使用者分成不同類型。記住,別想一網打盡,讓你的產品針對「每個人」並不是什麼好主意。

3. Solutions Today(目前的解決方案)

使用者目前如何處理他們的問題?列出競爭產品,或者使用者目前為滿足其需求的變通辦法。

4. User Value（使用者價值）

如果目標使用者得到你的解決方案，會有什麼不同？如何從中受益？

5. User Metrics（使用者統計數據）

你能夠量測哪些使用者行為，以指明他們是否採納、使用，及重視你的解決方案？

6. Adoption Strategy（採納策略）

客戶和使用者如何發現及採納你的解決方案？

7. Business Problem（商業問題）

建造這個產品、功能、或增強版能夠為你的企業解決什麼問題？

8. Business Metrics（商業績效指標）

哪些商業績效指標會受到這個解決方案成功與否的影響？這些績效指標的改變往往是使用者改變其行為的結果。

9. Budget（編列預算）

預計編列多少錢及／或開發心力來發掘、建造及精煉這個解決方案？

機會不該是委婉之詞

我知道你的公司可能不使用機會這個用語，事實上，如果你的公司與我合作過的那些公司沒兩樣，你會有一張填滿應該建造之物的路線圖（roadmap），你甚至可能將它們想成是你的「需求」。針對那些東西的任何一個做出 no-go 的決定可能不是你的權責範圍，但事實上，我們真的不應該照單全收，硬是把那些聰明想法全都轉變成軟體，即使提出那些聰明想法的人位居高位也一樣。

使用這個最初的大故事對話，構思你與團隊可能要深入的工作，即使 go/no-go 問題的答案是 "Go"，確認你們的對話在這些面向上具有一定的共識——你要解決的問題、為誰解決，以及你的組織如何受益於軟體建造。

如果繼續處理這個機會並不是你或任何團隊成員的決定，務必請那些能夠做決定的人參與對話。無論如何，假如他們不克出席，對話還是得進行，並且必須針對誰、什麼，及為什麼提出假設，然後將這些假設與那些決策者分享。相信我，如果你弄錯某事，他們肯定會糾正你，而討論那些修正將開啟合適的對話。

故事對照和機會

雖然我喜歡故事地圖，但我不會用地圖來管理機會，那些機會通常是比較大的區塊，針對這些大岩石的討論通常會衍生出決定是否進一步發掘所需要的細節。

然而，故事地圖的長處之一，是提供一種讓你退一步檢視當前產品之整體圖像的有效機制，利用你目前為產品建立的故事地圖來尋找機會，或者，基於當前的產品，考量你已經擁有的機會。

試著為既有產品建造簡單且非常高階的故事地圖，這是一張「現在」地圖，類似你在第 5 章針對晨間活動建立的地圖（你確實有建造，對吧？），這些類型的地圖已經以各種不同的形式存在一段時間，它們經常被稱作*旅程地圖*（*journey map*）[譯註]。為了針對當前產品體驗建立一張旅程地圖，你可以描繪（對照）使用者為通過所從事之主要活動而採取的流程，使用這張地圖為你的機會提供上下文（context）。為了這樣做，將每個機會增加到這張地圖的主體內容中，使用各種顏色的便利貼或索引卡將它們清楚地標示出來，你可能會看到機會「熱點」（hot spots）——使用者流程裡頭具有較高密度之想法與問題的地方。

檢視參與每個活動的使用者，以及該活動的發生頻率，影響關鍵使用者從事之高頻率活動的機會很可能就是你應該聚焦的機會——此項工作宜早不宜遲。

[譯註]　*或稱客戶體驗旅程地圖。*

你可以使用同一張地圖針對使用者目前抱怨的事情增加卡片，為求平衡，你也要檢視使用者目前喜歡的事情，並且將這些優點增加進來。假如你發現一些讓使用者感到很痛苦，但尚未被識別出來的地方，或許就應該將它們視為機會。

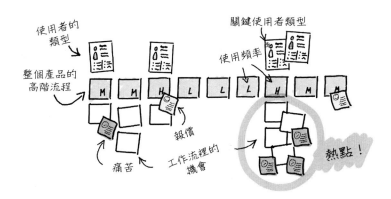

旅程地圖繪製與概念產生

Ben Crothers, Atlassian

鑒於我們提供 10 種以上的不同產品，我們必須確認，設計、建造及改善這些產品的方式跟客戶同時使用它們的方式（而非一個一個）相契合，所以發掘各種產品如何以較佳的方式協同運作也是專案的一部分。因此，我們成立了跨領域團隊，對照（描繪）出尋找、評估、購買、與使用各種產品的完整端到端客戶體驗（end-to-end customer experience），以便善加利用，並從中獲得協助，讓我們的產品與服務更多元化。

這是很龐大的東西，為了幫忙分解，我們先以高階方式描繪（對照）這個客戶體驗，然後將它分解成一個個子群組，擴展這個骨架旅程（skeleton journey）的每個部分。做法是，將客戶經歷過的時機、行動和問題記錄在牆壁上，增添色彩，然後回溯它，加上痛苦點、機會和假設。

對照當前的使用者旅程

透過追蹤端到端的故事（end-to-end story），而不只是基於功能的體驗，我們洞悉許多事情，例如，我們迅速瞭解這段體驗的某些部分（像是設定產品與獲得協助）不孤立於線性旅程的一部分，而且必須被考慮得更仔細且更周詳。

各種其他利害關係人與團隊被引進，產生更詳實的旅程，並且被附加到沿著高階骨架旅程的不同地方，好讓我們盡可能捕捉及驗證既有的知識。

然後，我們瘋狂地構思各種觀念，盡可能地改善及翻新詳實旅程的各個部分，所有概念均被萃取出來記錄在卡片上，並且以鬆散的順序，沿著骨架旅程被貼在牆壁上。

每個團隊成員解釋他或她的每一個想法，之後，我們使用小圓點貼紙，根據可行性與需要性，為這些想法的效用進行投票。

組織想法

接著，我們可以製作理想客戶體驗的整體性跨產品願景，根據這些旅程與驗證過的概念，骨架旅程也活靈活現地被呈現在 20 頁的連環漫畫裡。將這個旅程（與涉及的角色、使用情節和想法）轉換成一個故事版（storyboard），讓我們更容易將它傳達給整個組織。

特別值得注意的是，許多參與開發與版本增強的人也涉及一開始的概念產生，所以，即使這是 8 個多月前進行的活動，但現在，那些概念分享與溝通理解讓我們的工作效率大幅提升。

1. 一張地圖統轄一切

在客戶拜訪、訪談,與探索之後,專案負責人擁有旅程地圖,他深信該地圖涵蓋了通往最佳成果(對客戶來說)的路徑。企業通常包含諸多團隊,現在,該是與更多人分享並且繼續推動它的時候了。

2. 質疑一切

然而,在一些對話之後,我們開始懷疑是否錯失什麼,有什麼簡單的假設產生比預期還要大的影響?我們需要一種迅速對假設提出挑戰的機制,並且快速地在專案參與者之間建立共識。

3. 做好準備

我們聚集團隊,指定角色(有多重角色),並且描述想要的成果,自然而然地,這將引導那些角色去使用能夠測試我們的假設的產品元件。我們並未寫出一步一步的操作指示,我們的原則為:「簡單,身為這個角色,你會想要實現這個目標。」好好實際演練吧!

4. 實際演練

當行為者(actor)扮演自己的角色,並且試圖達成既定的目標時,一些觀察者扮演沈默的觀眾。

產品負責人觀察什麼路徑被採取、回覆問題,並且避免引導任何人進入特定的路徑。互動設計師(IxD)觀察行為、意見與反應。

5. 重製地圖

我們並未顯示原有的地圖,而是讓所有的行為者建立新地圖,描述他們如何實現其目標,並且在過程中分享某些人如何採取不同的路徑。

6. 痛苦與收獲

重製地圖之後,我們要求每個行為者分享痛苦(讓他們覺得受到挑戰、挫折或困惑的事情)與收獲(讓他們覺得流暢、酷炫或符合直覺的事情)。同理心、溝通理解與開心興奮的真實感將充滿整個對話。

7. 觀察

最後，輪到觀眾詢問有關他們所見到之有趣行為的問題，我們對行為者不瞭解自己的所做所為感到訝異，然而，那也讓我們有機會瞭解某人可能很自然地試圖以某種方式完成某些事情。

8. 利潤！！！

僅僅二個半小時之後，我們已經透過只有對話能夠提供的機制，針對新的解決方案的真實感受建立共同的理解。行為者以實際的同理心為他們所扮演的客戶發聲，而發掘團隊也已經深入洞悉什麼做法可行，以及哪裡可能需要進行更多實驗。

挑剔一點

如果你只是接納一切，那樣並無實質幫助，積極地丟棄「無助於建立你所冀望之成果」的機會，並與商業利害關係人充分協同合作，好讓他們能夠幫忙進行那些決策。

如果你已經做出 "Go" 的決定，現在就挽起袖子，開始動手吧！這正是下一章的主題。

第十四章

利用發掘建立共識

描述敏捷開發的簡單模型經常從左邊的大清單開始——**產品待處理項目**（*product backlog*），假如我不曉得有些人把它想得那麼簡單，我會認為那樣做有點好笑。從機會中萃取出可付諸實作的良好產品待處理項目需要耗費大量心力，而非垂手可得的具體事實。更且，它絕對不是捕捉人們想要建立之項目清單的最終結果，而是悉心運作的發掘過程（process of discovery），聚焦於讓我們學到更多有關誰、什麼和為什麼的重要資訊。

發掘非關建造軟體

發掘工作（discovery works）非關建造可交付的軟體，而是關乎學習。針對我們能夠建造什麼建立更深入的認識，牽涉到下列的問題與答覆：

- 我們實際在解決什麼問題？

- 什麼解決方案對我們的組織以及購買或採用這個產品的客戶是**有價值的**（*valuable*）？

- **可使用的**（*usable*）解決方案看起來是什麼模樣？

- 在給定的時間與工具下，什麼是**可建造的**（*feasible*）？

我們詢問並開始回答這些關於機會的問題，展開第一回合的岩石分解，所有關於產品或功能的討論細節將成為較小之使用者故事的標題。

每一個較小的使用者故事均可促成更深入的討論，甚至產生更小的使用者故事。

所有這些發掘討論（discovery discussion）不只產生更多故事，記住，故事討論牽涉到建立許多描述我們理解之內容的簡單模型，我們必須利用這些模型建立共同的理解。

> 在理解模糊不清的機會時，如果你只是建立較小的
> 故事，那麼，你也許搞錯了重點。

發掘的四個必要步驟

如果我心中有某個大想法，或甚至需要釐清的小想法，我會遵循這個討論程序，從大想法前進到相關的細節——確實瞭解我們是否找到值得建造之解決方案所需要的資訊：

1. 從商業觀點構思想法。

2. 瞭解客戶和使用者，以及如何幫助他們。

3. 具體設想你的解決方案。

4. 最小化及計畫識別出最小可行方案，以及你將如何建造它。

1. 構思想法

如果你確實運用機會待處理項目（opportunity backlog）及機會討論（opportunity discussion），並且決定開啟發掘工作，那麼，基本上就沒什麼大問題。運用構思討論（framing discussions）展開聚焦而有重點的發掘工作，促使相關人員協同合作，更深入地瞭解這個機會。

運用構思討論為你的工作確定界限，假如你很清楚為何建造及為誰建造，你跟你的團隊就比較不會浪費心力去討論無法解決你所聚焦之問題的解決方案，或者根本不是為了你所針對的使用者。

2. 瞭解客戶和使用者

利用關於客戶與使用者的討論，更深入地洞悉你的產品或功能的使用者，以及他們如何從中獲益。讓那些深刻理解使用者的人員參與討論，還有那些需要瞭解相關事宜的其他人員。

草擬簡單的角色模型

我喜歡跟小型發掘團隊（discovery team）一起草擬簡單的角色模型（*persona*），以便針對使用者建立共同的理解。角色模型是你的目標使用者範例，衍生自關於使用者你所瞭解的事實與假設（有時候），建立角色模型幫助我們透過使用者的眼睛檢視軟體。總之，角色模型是非常方便的工具。

草擬簡單的角色模型

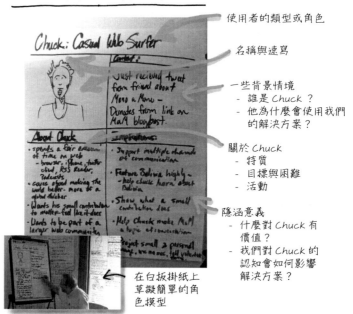

使用者的類型或角色

名稱與速寫

一些背景情境
- 誰是 Chuck ?
- 他為什麼會使用我們
  的解決方案?

關於 Chuck
- 特質
- 目標與困難
- 活動

隱涵意義
- 什麼對 Chuck 有
  價值?
- 我們對 Chuck 的
  認知如何影響
  解決方案?

在白板掛紙上
草擬簡單的角
色摸型

我在 Mano a Mano 與一組人共同建立了這個簡單的角色模型。Mano a Mano 是一個幫助玻利維亞人的非營利組織,他們的工作內容涵蓋甚廣,從造橋鋪路到支援教育與醫療保健都有。當時,我們正在討論熟悉網際網路的小額捐款人——這種類型的群眾或許沒有大筆款項,但非常在意自己的捐款是否妥善被運用,我們期望像 Chuck 這樣的人能夠在網際網路上找到 Mano a Mano,或是透過 Twitter 或 Facebook 知道它。

我們使用白板掛紙一起建立角色模型,這是一項既快速又有趣的活動,一群人七嘴八舌,暢快淋漓地貢獻資訊。

假如你是一個建立過角色模型的 UX 設計老鳥,你現在可能覺得有點反胃,然而,對其他人來說,良好的角色模型係奠基於透過扎實研究而獲得的資料。顧慮這一點的 UX 設計老鳥會擔心團隊成員只是隨便說說,在白板掛紙上信手塗鴉,那樣是不夠嚴謹的,因此,不要只是胡亂臆測,確實討論你們知道什麼及觀察到什麼,好好地述說故事,邀請對使用者經驗具有第一手資料的人員參與討論,如果你做過許多研究,請將它們帶進討論裡。識別出跟你正在建構之機會最有關係的細節,並且將

那些資訊納入角色模型，過濾雜訊，萃取要點。當你完成這項工作時，誠實地檢討這些資訊當中有多少是純屬臆測。

「我們已經建立角色模型，它們是貼在牆上的漂亮文件。」我經常聽到這樣的說法，然而，請捫心自問，大多數人都沒有仔細閱讀，對吧？而且，確實讀過的人當中有一半只是隨便看看，我或許有點喜歡挖苦人，但我確實看過很多這類狀況。

協同合作，一起建立角色模型，透過這個活動，讓團隊建立共識。藉由這項工作，確實考量角色模型當中最有關聯的面向。

> 一同建造輕量化的角色模型，
> 讓團隊形成共識與同理心。

針對正在討論的功能，我為每一種可能的使用者類型建立簡單的角色模型，如果迅速處理的話，我可能只是列出該軟體的各種使用者或角色，並且記錄一點關於他們的細節。還記得第 1 章的 Gary 嗎？在他手邊的卡片中，其中有一堆正是這些東西——一序列使用者，以及關於他們的一些重點資訊。

建立組織側寫或 orgzona

如果你正在建造某些組織可能購買的產品——例如，會計產品——花點時間，列出不同類型的組織，並且記錄它們的相關細節。這些是你的客戶——口袋裡有鈔票，並且需要從你的產品獲得某種價值的人們。附帶一些支援細節的組織類型說明經常被稱作組織側寫（*organizational profile*），我的朋友 Lane Halley 最先向我介紹如何建立組織側寫，很像角色模型（persona），純粹為了好玩，她稱之為 *orgzona*（*organizational persona*）。

描繪使用者目前如何工作

你可以進一步描述，在有或沒有你的產品的情況下，使用者會如何工作，如果遵循第 5 章的指示，你會針對使用者目前的工作方式建立一張故事地圖，這樣做將幫助你的發掘團隊確切理解他們正在解決的問題。

 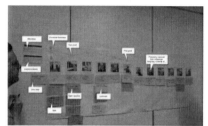

由 Caplin Group 的 Duncan Brown 提供的這些照片顯示出某種他們稱作
敘事旅程地圖（*narrative journey map*）的東西，這張地圖述說「現在和
以後」模型（本書一開始提到的）的「現在」面，它並未描述我們的解
決方案，而是描述人們目前如何達成其目標——不論優劣。

該地圖的主體包含事實、觀察、痛苦和快樂，當你描繪目前理解的事情
時，你會看到「熱點」（hot spots）——流程裡包含大量問題的區域，你
也會找到一些報償——在經歷一連串步驟之後，讓使用者的努力值回票
價所帶來的快樂。透過去除痛苦或放大快樂，你可以打造出有價值的產
品。使用這個地圖作為跳板，以腦力激盪的方式構思解決方案，或者驗
證你心裡的解決方案確實能夠解決問題。

3. 具體設想你的解決方案

現在，從商業角度來看，你已經很清楚為何要打造這個產品；你已經較
深入地瞭解客戶和使用者，因此，你知道他們的世界目前是什麼情況。
現在，讓我們想像一下未來——具體設想你的解決方案，以及你的目標
客戶和使用者將如何使用它。

描繪你的解決方案

這是故事地圖發揮大用的地方，至少，對我而言的確如此。我使用故事
地圖，想像使用者在使用我所建造的解決方案之後的生活，在第 1 章與
第 2 章中，Gary 和 Globo.com 團隊如此建構故事地圖，如開頭幾章所
述，人們在故事中採取的步驟形成了從左到右的敘事流（flow）。回顧第
4 章，那些步驟就是使用者任務（user task）——由左向右閱讀時，這些
動詞短語述說著使用者故事，更細緻的使用者任務與其他細節在每個步
驟下垂直堆疊起來。假如故事很長，請將一群一群的活動萃取出來，建
立三層式的故事地圖。

文字與圖片

你曾經遇到這種情況嗎？當你向開發者描述某個產品想法時，有點高興也有點訝異地聽到他說，「噢，簡單啦，應該不需要花很長時間來建造。」但是，當他開始動手時，你發現開發者想的東西遠比你想的更簡單，例如，你可能描述一個在網路上販售物品的網站，你想像的可能是類似 eBay 或 Amazon Marketplace 的東西，但開發者想的卻是 Craigslist 之類的東西，你們在認知上可能有些差異。過去十年來，我深刻地體認到，單單文字是絕對不夠的。

> **以視覺化的方式呈現你的使用者介面，**
> **建立關於這個解決方案的共識。**

如果你的團隊有 UX 設計師，現在正是讓他們開始草擬使用者介面的好時機。草繪個別的畫面，將它們按照出現的順序張貼在故事地圖的上方，最後會得到看起來很像故事板（storyboard，或稱分鏡腳本）的東西。

以視覺化的方式呈現完整的體驗

Josh Seiden，插圖由 *Demian Repucci* 提供

某日，我接到 Robert 來電，Robert 是一家資金充沛之大型新創教育事業最近聘用的設計經理，該公司正處於某個大型專案的早期階段，專案如火如荼地進行，聘僱大量人力，時程非常緊迫，即將打造一個龐大的系統。但有個問題：他們正面臨一個不知如何處理的巨大設計挑戰，我能夠提供協助嗎？

幾天後，當我到達他們辦公室時，Robert 既興奮又驕傲地領著我四處看，該公司聘請一家大型顧問公司協助他們發展專案需求，該顧問公司已經完成的工作量真的令人印象深刻，在燈光好、氣氛佳的舒適辦公室裡，每一面牆上盡是質感甚佳的棕色紙張，每一張紙上依序覆蓋著索引卡與便利貼：需求（以使用者故事的形式表示）。數以千計。當 Robert 帶著我走過故事牆時，我注意到所有的使用者故事都被組織成功能模組（functional module）：文字編輯器模組、分級模組、課程模組（又細分成數理科學牆、英語牆等），我努力地在我的腦海裡為這個系統建構出整體圖像。

Robert 正處於建立設計團隊的過程，並且試圖分割問題。當我們討論到他的團隊需要什麼時，我們意識到，我們可以利用故事地圖幫忙組織數千個使用者故事，並且協助設計與開發團隊在共有的願景下協同運作。

恰巧，幾個禮拜前，我正好出席一場由一群故事板專家推動的研習會，該研習會的目標是幫助企業家清楚且具體地表達他們的商業構想。在快速的工作步調下，這些故事板專家與企業家協同合作，從討論中汲取出他們的商業構想，並且將這些構想描繪成故事板——清楚地述說每一個故事的迷你漫畫書。我決定把這個方法與故事對照結合起來，並且打電話給在那場研習會中令我印象深刻的一個故事板專家，Demian Repucci。

在接下來幾週中，Demian 與我持續地跟 Robert 和他的團隊，以及系統各部份的產品經理開會，我們的焦點聚集在系統的高階工作流程上——系統的主要使用案例（use case）。在整個過程中，Demian 在他的筆記本上草繪故事板，我則使用索引卡和便利貼在會議室的牆上勾勒出諸多使用案例。這些會議結束之後，Demian 返回他的工作室，整理並且描繪出一些關鍵時刻（key moments），我則使用 Omnigraffle[譯註]，將我們在會議中草擬的故事地圖製作成清楚的版本。

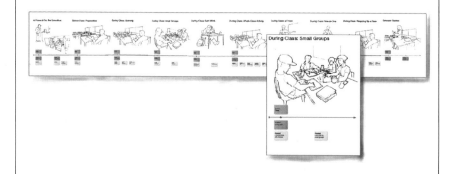

[譯註] 請參考 *https://en.wikipedia.org/wiki/OmniGraffle*。

跟 Robert 商討之後，我們判斷我們最大的價值是為團隊提供有組織的結構，因此，我們製作一系列能夠列印成 11×17 英吋大小，並且能夠張貼在牆上的海報，形成故事地圖的「骨幹」（spine），接著，團隊就能夠獨立地利用它們，以全新的方式組織他們的使用者故事。代替以模組為中心（module-centric）的觀點（無助於迭代開發，iterative development），我們現在改採以使用性為中心（usage-centric）的做法，這可以被切割成多個跨模組釋出版本（cross-module releases）。

一種具體想像使用者經驗並由整個團隊一同參與的做法是 Design Studio 方法。Design Studio 既快速又簡單，由一群人協同合作，進行創意發想（deliberate ideation），構思出大量可能的想法。你很快就會瞭解，最佳想法不是由一個人想出來的，相反地，它往往是一些人經過仔細討論所得到的智慧結晶。多數人（包括我）的做法往往與 Design Studio（就此而言，即是簡單的創意發想過程）背道而馳：接受看起來會順利運作的第一個想法。最初，我接觸到 Jeff White 與 Jim Unger 所描述的 Design Studio（*http://portal.acm.org/citation.cfm?id=1358650*），我不明白自己為什麼一直沒有使用這個方法。無論如何，我已經將這個方法運用在與開發團隊、利害關係人、甚至客戶和終端使用者的討論上。

不管採取什麼機制，結合諸多想法，持續精煉它們，針對軟體可能的模樣取得共同的理解。

這裡可能會發生一件有點讓人不愉快的事情——以視覺化的方式呈現你的解決方案，將幫助你捕捉到你在故事地圖裡錯過的東西。你會發現你可能需要增加、改變，或重新組織故事地圖，以便支持你所想像的東西。別擔心：這其實是一件好事。

Design Studio 的做法

Design Studio 是一種透過協同合作進行創意發想的快速方法，做法有很多，但以下是我的簡單做法：

1. 邀請一群人參與，你想要從他們身上汲取觀點與想法，而且你需要他們的理解與支持才能夠建造產品。8 到 12 個人是很適合的規模。

2. 描述你正在解決的問題。審視你為了尋找機會所做的工作，檢討角色模型以及描述人們目前如何工作的「現在」地圖，檢視你可能已經展開的任何解決方案地圖（solution map），然而，切勿說太多話，如果他們的思考受制於你的想法，你可能因此錯失一些絕妙的點子。

3. 視情況分享例子與靈感。討論並且展示其他可作為良好範例的類似產品，探討並且顯示可能不太一樣、但裡頭或許有一些好想法可供利用的產品。

4. 大家畫草圖！發給每個人紙跟筆，或許提供一些草圖模板，並且給他們一段時間，少則 5 分鐘，多則 60 分鐘，我個人喜歡採用 15 分鐘。

5. 分組討論，分享想法。我喜歡 4 個人一組，因此，如果有 12 個人，就把他們分成 3 組，每組 4 個人，一個接著一個分享最佳想法，團隊成員給予回饋意見。輔導者針對解決方案是否解決問題提供意見，而不是自己是否喜歡，並且引導參與者奠基於其他人的想法，讓這個過程持續運作一段時間——我認為 30 分鐘通常蠻適合的。

6. 要求每一組將他們的最佳想法整合成單一解決草案，這是最困難的部分，大概需要花費 15 到 30 分鐘。

7. 要求每一組將整合過的最佳想法與整個團隊分享，並且進行討論。

8. 謝謝大家，並且收集所有的草圖與想法。你、UX 設計師，或者你的核心發掘小組需要利用它們建立最終的、整合過的最佳 UI 草圖。記住，如我的朋友 Leisa Reichelt 所述，「社群設計不是委員會設計。」你會在這裡得到許多相互競逐的好想法，但某人必須做出困難的抉擇。

照片提供：Edmunds.com　　　　照片提供：Lane Halley

驗證完整性

大腦所擅長的事情之一是填補細節，例如，當我們看見連環漫畫當中的兩格時，大腦會自動填補其間發生的事情，這是連環漫畫、小說和電影的妙處。然而，在思考軟體做什麼時，我們經常會把想像力放在那些有趣的功能上，而忽略其間發生的必要事項。把電影的隱喻說得誇張一點，那就有點像是只談論汽車追逐與警匪槍戰，卻略過解釋所有這些動作為何發生的故事情節。

利用地圖述說完整的使用者故事幫助你記得討論其間的關鍵細節，通常會發現，你正在思考的酷炫功能需要使用者在故事早期預做一些準備，並且在故事後期產生一些報告與通知上的變更。對其他人來說，你的新功能想法甚至可能會有額外的影響，例如，管理者可能需要處理資安問題，或者，經理人可能想要監看其下屬使用該功能的情況。

驗證工程上的顧慮

回到電影的隱喻，假如你要繼續拍攝這部電影，你必須開始考慮你將如何以及在哪裡拍攝，你必須考慮你需要的特效類型。在某個時點，你需要更深入故事情節，並且考慮電影拍攝的技術細節。

軟體的故事地圖有助於進行與拍攝電影相同類型的討論，在走得太遠之前，請與工程師和架構師討論你的解決方案地圖，看見整體圖像有助於讓他們想清楚可能導致破綻百出之解決方案的較大工程限制。他們能夠及早警告你，你的解決方案聽起來或許很酷，但在給定的當前架構與時間預算下是無法成功的。他們往往能夠建議效果一樣的替代做法，提供使用者相同的操作體驗，卻能夠節省更多的建造成本。

一家大型保險公司的工程師們在這張故事地圖前面討論了很久，在對話期間，他們在這張與產品有關的大地圖上發現了某些障礙，產品的商業規則引擎需要改變，觀看整體圖像幫助他們具體想像並直接面對複雜性，他們會利用那些知識，討論如何及早因應，消弭風險。

玩「這樣如何？」遊戲

你已經從使用者的觀點想像解決方案，並且具體呈現使用者的操作體驗。花點時間討論使用者介面背後是怎麼回事，談談麻煩的商業規則、複雜的資料驗證，以及需要與之連接的紊亂後端系統或服務。為地圖的相關部分增加故事，或者在既有的故事上做一些說明。

現在正是跟其他人一起審查你所獲得之資訊的好時機，好好分享你跟你的團隊已經想到的東西。相信我，人們會開始詢問許多「…這樣如何？」（What about…）的問題，我喜歡這些傢伙，雖然有時稍顯咄咄逼人，但無論如何，我很感謝他們幫助我事先看到稍後會絆倒我的困難與障礙，否則事情到時候恐怕更棘手，學習的代價更大，甚至讓人更痛苦。

對我來說，電影的隱喻在這裡真的很有用。如果我要拍電影，我會想要電影劇本與分鏡腳本——幫助我想像實際的電影。如果我是投資者，至

少需要看到這些東西，才能夠清楚地瞭解導演與編劇的展望與願景。如果我很在意這部電影，我也需要知道這部電影將耗費多少時間與金錢，以及是否拍得成。

我希望他們會使用那些草圖，更深入地思考這部電影。我會想要知道他們已經考慮多少拍攝地點，以及這些地點是什麼樣子。我會想要知道他們已經考慮何種場景、道具及特效。身為重量級的好萊塢投資者，我會需要電影劇本、分鏡腳本，以及許多支持粗略規劃與估計的其他細節。我們需要這些東西，以便針對電影拍攝設定預算與時程。

在開始建造解決方案之前，這是你需要的材料。

想法、範例與旅程

David Hussman, DevJam

許多人過度複雜化發掘過程，然而，它可以十分簡單，並且仍然保有強大的威力。越過「需求」的神祕確定性，花點時間，運用範例和旅程作為指引，好好探索一下想法的發掘過程。

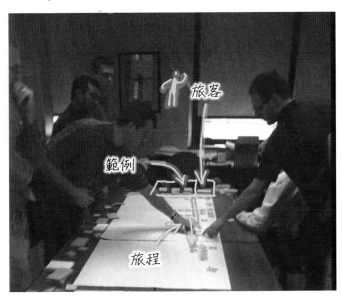

使用範例與旅程進行故事對照

- 運用下列簡單指南：1）提出要探索的產品想法，2）選擇你認為將受益於該想法的人們，3）蒐集使用該產品想法的範例，以及4）利用那些範例建立故事地圖，以及你認為他們應該採取的旅程（journey）。切記，身為產品建立者，你有責任創造有意義的操作體驗，而不只是更多的功能。

- **想法不必精采絕倫。**當然，你想要好產品，但被視為聰明絕頂的想法往往不成功，而那些沒那麼酷炫的想法，隨著你深入探索其用途，並且瞭解某人試著利用它們完成什麼重要事項，逐漸地發光發熱。

- **選擇旅客不是火箭科學。**別過度複雜化這個選擇，如果你不確定要從哪裡著手，就直接列出你認為哪些人將得益於你的想法，以人性化的方式建構它們，讓它們具體呈現在產品開發社群的對話與思維中。開始動手之後，選擇某人一起合作，不要擔心是否找到適當人選，準備好從探索中學習，不要擔心你的選擇是否最合適——可能不是。

- **建立各種範例。**這是許多人失控並且意外陷入複雜性的地方。從簡單或顯而易見的例子開始，越具體越好。接著，構思複雜的例子，別害怕把目標設得太高，你是在設定一系列限制，而不是在對某人做出包山包海的承諾。同樣地，讓這些複雜的範例具體且明確，如果你正在探索多具體才算具體，並且勇氣十足的話，你可以使用測試（test）代替工作範例（work example），那樣的話，你更向自動化驗證邁進一大步。

- 於顯而易見與複雜精緻之間再增加幾個例子，接著，從簡單的地方開始，以簡單的例子作為引導，述說旅客的故事。對某個人說，讓他幫助你捕捉旅程中的故事。當故事展開時，你的使用者在哪裡？什麼因素促使他們參與或涉入？具體來說，他們做了什麼？故事如何結束？使用各種例子，為你的旅客探索不同的旅程。

- **選擇將幫助你學習的旅程。**擔心要從哪裡開始本身也是一個複雜度，按圖索驥，選擇最能夠讓你瞭解使用者及其需求的旅程。再一次，你所做的選擇可能不是最合適的，但請別擔心，弄清楚這件事情的最佳方式（及最佳學習投資）就是選擇幾個

旅程,建構它們,並觀察人們的使用情形——親眼觀察或透過即時分析(real-time analytics)。

- 避開產品傲慢(*product arrogance*)的陷阱。在你認為人們需要什麼與他們實際需要什麼之間的差異就是產品傲慢涉及的區域。透過這裡陳述的流程,你能夠透過每次建造及驗證一個旅程,更迅速地握掌到實際的作業情境。

還不要慶祝

經過發掘流程的這個步驟,你應該已經開始把解決方案的某些部分描述成個別的使用者故事,每個片段都是大機會的一部分,如果你跟我一樣,你已經使用故事地圖組織各個部分,如果你比我聰明,你已經發明更好的辦法來組織它們——如果情況如此,請立刻跟我們聯繫。如果你有點搞不清楚,你會弄出一大堆東西,或甚至更糟,某人可能已經寫出冗長的大型需求文件,模糊掉你所探索及學到的東西。切勿陷入這種迷思。

無論最後如何,此時,許多人會大肆慶祝,因為他們已經「完成需求」,千萬不要這樣,你還有最後及最重要的步驟要處理。

4. 最小化及計畫

你已經使用文字與圖像具體設想解決方案,團隊此時可能感到相當驕傲,然而,發掘流程的最大問題之一就是:我們一起努力,識別出絕妙的解決方案,但裡頭包含很多大家都喜歡的「不必要修飾」。

我知道你在想什麼:那為什麼會是個問題?

問題在於:我們聚焦於讓大家滿意,同時,我們無法聚焦於小而具體的目標成果,結果是遠比實際需求更龐大的解決方案。

記住,目標是最小化我們的建造量(或產出),並且最大化從中獲得的利益(成果與影響)。你的機會將被分解成許多可能的較小故事,我們當然不會一網打盡,那樣就不是最小化產出,對吧?

> 如果未去除多餘的想法，
> 你的發掘工作可能做得不大對。

東西總是太多

很抱歉，但事實如此。假如你從事過軟體開發，不管時間長短，你可能已經知道這件事。有很多年的時間，我試著假裝這不是事實，真的超過十年，最後，我放棄了。不過，請別擔心：有一些工具可以幫助你識別出在給定的時間與人力下能夠建造的東西。

我們在第 3 章中提到，Globo.com 如何利用故事地圖面對嚴苛的最後期限，該公司聚焦於最後期限、擁抱它，並且識別出會讓它順利達陣的成果，接著分割它的待處理項目；亦即，去除掉與獲得該成果無關的任何故事，這是它的「最小可行方案」假設，且該成果絕非原始大想法的不成熟版本——而是明確聚焦於成功報導巴西大選的良好版本。Globo 的人員相信這對企業、廣告主、電視網和使用者會是有價值的，他們已經考慮到所有的使用者，並且確信得到有用的解決方案，更且，透過分割地圖，他們找到在給定時間與人力下可以建構的解決方案。針對特定一群客戶、使用者及用途所得到的可用、有價值、且可建構的解法，就是可行的解決方案（viable solution）。

> 可行（*viable*）表示能夠讓特定商業策略、
> 目標客戶，與使用者獲致成功。

我們也能夠越過第一個可行釋出版本，思考第二個和第三個可行釋出版本，但我們知道，一旦釋出第一版，世界將因此改變，這樣很好，然而，那也意味著我們必須根據所建立的新世界，重新思考未來的釋出版本。

排定優先順序的秘密

靠近點，別讓人聽見。

不是很多人知道這件事——或者，至少他們的行為看起來好像真的不知道，或許，他們只是在裝傻。

如果你已經涉足敏捷開發一段時間，你可能聽過這句話，「根據商業價值排定使用者故事的優先順序」。這個陳述大致上沒錯，但是，「商業價值」這個用詞應該被替換成更具體的東西，在此，你與發掘團隊必須明確地指出真正有價值的是什麼東西。

讓我們再次檢視 Mad Mimi，Gary 必須在資金燒光之前盡快找出在特定市場中具體可行的產品，對 Gary 來說，「可行」（viable）意味著有消費者青睞這個產品，並且願意為它掏錢買單，結果，他的使用者與產品營收開始成長。

商業目標與財務限制的結合促使 Gary 必須聚焦於他所支援的特定使用者與使用者活動，Gary 仍然熱切希望建立完善的 "music industry marketing interface"（音樂產業行銷介面，簡稱 Mimi），但他決定先聚焦於讓樂團經理直接將文宣資料 email 給粉絲來行銷他的樂團，在那樣做之後，他需要聚焦的具體功能就變得非常清楚。

如果你有仔細聽的話，你已經抓住排定優先順序的秘密。

具體的商業成果把焦點聚集在特定使用者、他們的目標，以及他們想要使用你的產品從事什麼活動。聚焦在這些活動，促使我們把心力集中在使用者為了成功達到目標所需用到的具體功能性。

對 Mad Mimi 來說，Gary 刻意聚焦在讓樂團經理愉快地行銷他們的樂團上，這是他選擇聚焦的明確價值，他不使用含糊不清的術語（「商業價值」），而是直接陳述對他有價值的東西。

就排定優先順序而言，大多數人會犯的錯誤為試圖先針對功能（feature）排定優先順序。

先針對具體的商業目標、客戶和使用者，然後是他們的目標排定優先順序，最後才針對功能。

運用商業策略

選擇目標客戶和使用者

利用他們的目標與活動

來選擇功能

最後才針對功能排定優先順序！

下一次，當你發現某人只是在談哪個功能具有較高的優先順序，而沒有討論商業目標、目標使用者，以及他們的使用狀況時，你就要開始質疑，追根究底。記住，別露出沾沾自喜的模樣，並不是每個人都知道這個秘密。

發掘活動、討論和典型產物

在發掘期間，你和你的團隊能夠建立許多活動與典型產物（artifacts），下列表格簡單說明你能夠做的各類事情，提供你一些基本的起始點。千萬不要想一網打盡，因為那可能太多了，也不要侷限於這些事情，因為可能有相當的或甚至更好的實務做法更適合你的技能與作業情境。無論如何，絕對不要把自己關在象牙塔裡，自顧自地撰寫一堆使用者故事，那樣只會把人搞瘋。

構思想法

利用這些討論，檢視公司為何建造這個軟體，它是針對誰，以及如何量度成功與否。

- 列出你正在解決的商業問題
- 受影響的具體商業統計數據
- 特定客戶和使用者的簡短清單
- 讓我們量測人們是否使用及喜歡這個新功能的統計數據
- 大風險與大假設
- 與利害關係人和主題專家進行討論

瞭解客戶和使用者

利用討論與研究去瞭解客戶和使用者、他們的需求，以及目前的工作方式。

- 列出使用者角色與描述
- 簡單的使用者側寫或個人簡介
- 簡單的組織側寫或 orgzona
- 關於人們目前如何工作的故事地圖－亦稱作旅程地圖
- 利用使用者研究與觀察填補我們不知道的事情

具體設想解決方案

聚焦於特定的客戶和使用者，然後具體設想能夠幫助他們的解決方案，使用文字與圖片具體描繪解決方案，與客戶和使用者一同驗證這些解決方案。

- 故事地圖
- 使用案例和使用情節
- UI 草圖與故事板
- UI 原型
- 架構與技術設計草圖
- 架構或技術原型
- 與團隊成員、使用者、客戶、利害關係人和主題專家充分協同合作

最小化與計畫

識別出你們認定的精實且可行的解決方案,妥善估計並且設定交付該解決方案的預算,建立最小化風險的開發計畫。

- 用來進行分割的故事地圖
- 用來設定開發預算的估計

發掘是為了建立共同的理解

記得你所從事的軟體專案中沒有人完全瞭解整體圖像嗎?記得開發團隊中途發現有一大塊工作事先沒規劃到嗎?在過去,當這種事情發生在我們身上時,通常會發現,問題就出在團隊與一起合作的外部人員之間缺乏共識,如果事先取得共同的理解,可能就很容易預見我們碰到的問題。

在第 1 章中,Gary 的故事有點是因為他和交付團隊對整體圖像缺乏共識,即使 Gary 本人(發想及擘劃這個產品的人)對於這個產品的尺寸與複雜性都缺乏清楚的認知。將他的產品具體呈現為一群簡單的模型,幫助他及他所倚賴的每個人在心中建立相同的整體圖像。

對於你所建造的某些東西來說,可能只需要讓每個人針對你的客戶和使用者是誰,以及解決方案的整體圖像取得共同的理解即可,但我必須警告你,你對於正在建造什麼所做的假設可能有誤。不過,別擔心,我會告訴你幾個策略,好讓發掘工作順利運作,那正是下一章的主題。

第十五章

利用發掘驗證學習

我有點誤導了你們。

你們當中可能有些人一直在讀上一章,以及在它前面的幾章,而且慢慢到達一個沸騰點,因為你們知道我略過了一些東西。很抱歉。

關於 MadMimi.com 和 Globo.com 的故事,我說得並不完整,真相是,兩者皆使用發掘對話(discovery conversations)來識別他們認定的最小可行方案(minimum viable solution)。然而,那些解決方案是否真的可行,其實只是臆測,事實上,一切都是猜測,直到我們實際交付並且觀察市場(客戶和使用者)的真實狀況。最初的發掘對話,伴隨著故事地圖,幫助他們得到一個良好的起始猜測,但對兩家公司來說,那只是開啟了一個實際發掘可行產品的更漫長旅程。

這讓我瞭解到人們所犯的最大錯誤之一——人們真的相信他們的最小可行方案會成功。

大多數時候,我們錯了

我跟下一個相信我的絕妙想法會成功的人一樣有罪,真相是,我曾經釋出許多我認為會大獲成功的解決方案,事實卻非如此,但也不是什麼大失敗——只是沒有產生明顯的效果。當這種情況發生時,我和我的公司只能裝作沒看見。不只是我,我們全都以為我們正在增添的功能會是有價值的,但最後,只有少數人使用這些功能,多數人並未受益,而且,我們知道,我們必須在產品存活期間持續不斷地進行支援與維護工作。

根據我自己的失敗經驗，以及從其他合作公司觀察到的（這裡沒有正式的科學研究或統計數據），我相信，我們建造的東西中只有少數是成功的，或者達到我們希望產生的實際影響，我估計頂多百分之二十，另外，還有百分之二十是徹底的失敗——導致負面影響的解決方案。我看過各種組織釋出新版網站，卻看到銷售數字下降，或者在發布新版產品之後，客戶和使用者卻要求回復到舊版本，這就是我所謂的失敗。

不過，大約百分之六十在中間，既不是成功，也不算失敗，這是個大問題，我們花了寶貴的開發成本來打造產品，最後卻希望一切沒發生過。

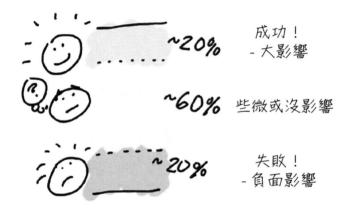

Standish Group 的 "CHAOS" 研究報告顯示，大約有 64% 到 75% 的功能很少或根本未被使用 [1]，而且，取決於你的資料來源，大約有 75% 到 90% 的新創軟體公司以失敗收場 [2]。

想到這件事情時，你會覺得相當失望，難怪，大多數組織會策略性地選擇假裝一切順利。

1   Jim Johnson, Chairman of the Standish Group, "ROI, It's Your Job"（keynote），Third International Conference on Extreme Programming, Alghero, Italy, May 26–29, 2002.

2   Deborah Gage, "The Venture Capital Secret: 3 Out of 4 Start-Ups Fail," *Wall Street Journal*, September 20, 2012, *http://on.wsj.com/UtgMZl*.

過去的壞日子

過去，我也經常採取這種策略。我想到好主意，或是在現實中，某人（像是我的 CEO 或重要客戶）把他們的絕妙想法交給我，我開始努力理解並充實它，然後，我的團隊和我會建造它，但花費的時間總是遠遠超出預期，不過，這是後面幾章要處理的問題。我們會完成，我們會交付，我們會慶祝，有時我們會先慶祝後交付，不管順序如何，總之，大功告成。

但接著，問題開始出現，通常人們會抱怨我們交付的東西沒有按照他們想要的方式運作，有時他們連抱怨都懶得抱怨（稍後，我們就會發現沒有人真的在使用它）。接著，我們會花很多時間，假裝我們成功達陣，對你們當中的某些人來說，這描述的可能是你們公司目前的運作模式，說實在話，我還是經常陷入這種狀況，請別張揚，我理應是個專家。

過去的壞日子

聰明人　　好的主意　　好的解決方案　　交付！

經過很長的時間…

客戶與使用者的反應

然而，還有更好的選擇。

運用同理心、聚焦、發想、原型、測試

幾年前，某位潛在客戶與我聯繫，詢問我是否能夠協助他採用稱作設計思考（design thinking）的流程，這位客戶一直在使用典型的敏捷流程，而且做得非常好——「好」是因為他以可預期的方式交付軟體，並且維持高品質。然而，他瞭解「交付垃圾的速度越快，產生的垃圾就越多。」這聽起來有點嚴苛，換個方式說，這位客戶已經瞭解，建造的軟體數量與從中獲得的成果／影響幾乎沒什麼相關。

這位客戶來找我時，我在使用者經驗設計與敏捷開發流程的領域已經小有名聲，我心裡想：「我是個設計師（designer），而且我正在思考（thinking），所以我必定是在設計思考（design thinking）。」但是，我錯了，那並不是這位客戶的意思，還好我沒有說出心裡話。

設計思考是一種工作方式，最初是由一家名為 IDEO 的公司提出的，隨後由史丹佛大學的 d.school 加以闡述及教導。近來，這項技術已經在很多大學裡被教授，並且為全世界許多公司所採用。

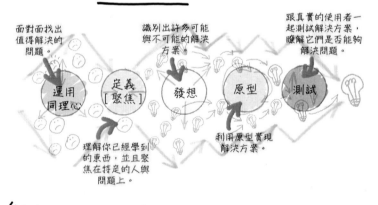

設計思考流程有幾個步驟，如我所述，這些步驟看起來顯然是很好的想法，但實務上，我和多數人傾向於反其道而行，難怪事情會那麼常出錯。

設計思考流程的第一個步驟是運用同理心（*empathize*），那不被稱作研究（research），研究是我在設計流程（design process）中通常會預期的東西，它之所以被稱為運用同理心，是因為這個步驟的關鍵成果在於瞭解產品使用者的真實感受。為了做這件事，你必須去找使用者，看他們工作，最好跟他們一起工作，當然，如果你在為外科醫師建造軟體，沒有人期望你成為業餘的外科醫生，但請盡量設身處地理解他們的工作方式。切記，從傳統的研究中，尤其是定量的放任式資料，我們取得資料，但不總是運用同理心並站在使用者的立場思考。

直接與客戶和使用者對話，
直接體驗他們面對的問題與挑戰。

下一個步驟稱作定義（*define*）。從運用同理心獲得的結果中，我們獲悉許多事實，然而，我們必須理解它——以建立共識。我們會透過協同合作、述說使用者故事、分享並淬煉我們學到的東西來完成這件事，接著，我們會選擇將焦點聚集在特定的人與問題上。

在這裡，利用故事地圖對照並描繪出人們目前的工作方式，描述你所看到及認知的細節。聚焦在使用者的痛點，以及他們所尋求的報償上。使用簡單的角色模型（personas），建立良好的範例使用者，歸結你所學到的東西，明確地選擇要聚焦在什麼問題上。

實際聚焦在一個或一些問題上，
明確地陳述它們。

下一個步驟是發想（*ideation*，或創意發想）。如果你有仔細關注上一章的內容，我們當時討論到一種稱作 design studio 的簡單實務，那是良好創意發想方法的好例子。在一般商業實務中，第一個提出可行想法的人是獲勝者，構思一堆可能想法似乎是浪費時間，如果最初的解決方案實在過於明顯或直白，又假如提出創新解決方案是非常重要的，那麼，就放手超越它們，進一步深入思考吧。

我喜歡以故事地圖作為創意發想的背景,利用地圖呈現使用者的痛苦、快樂及其他資訊,然後直接針對要點進行腦力激盪,直接在卡片或便利貼上撰寫解決方案的相關想法,並將它們放進地圖裡,讓解決方案更切合實際。

> 刻意針對客戶與使用者的問題
> 構思多個可能的解決方案。

下一個步驟是原型(*prototype*,製作原型)。現在,我們可能全都知道原型是什麼,然而,在急著打造能夠運作的產品時,我們經常忽略原型的建立,這真的很可惜,稍微投資一點心力製作紙本原型,即可幫助我們徹底思考解決方案。透過紙本的原型或最簡單的原型工具能幫助我們開始切身體驗解決方案,協助我們過濾掉許多行不通的想法。開始模擬使用產品的實際行為,可以幫助你持續進行創意發想——構思讓解決方案更上層樓的好點子。

> 建造簡單的原型,探索你的最佳解決方案。
> 將原型進一步發展成具有更高的真實性或保真度,
> 讓客戶和使用者能夠評估這個解決方案
> 是否真的解決他們的問題。

最後一個步驟是測試(*test*)。在這裡,測試的意思不是指檢查有無臭蟲,而是指瞭解你的解決方案是否真的解決某人的問題,你可能會覺得很驚訝,即使有臭蟲,這個步驟還是能夠運作。當你具有你相信能夠解決你選擇聚焦之問題的原型時,將它放在未來的產品使用者的面前,這並不是「展示與說明」(show and tell),也不是為了行銷產品,潛在的使用者必須確認這個原型真的能夠幫他們解決問題,他們確實需要使用它來完成真實的任務。你可以透過測試來確認這件事。

> 將你的解決方案呈現在即將購買或
> 使用產品的人們面前,不要期望一開始就成功,
> 反覆演進並且持續改善它們。

除了這五個步驟之外,設計思考在某種程度上也代表著一種工作方式,這種方法特別強調:讓跨職能的精實小團隊快速利用簡單的模型、草圖以及低保真度的文件說明與溝通機制,充分協同合作。你應該明白,這些團隊涵蓋發掘小組及第 12 章描述的其他協同合作者,而且,他們的工作方式特別強調建立共同的理解。

設計思考元素的運用幫助我們實際瞭解正在解決的問題，所以，我們不解決我們想像人們擁有的問題，相反地，在大力投入並且打造功能完整的解決方案之前，我們製作原型並且測試解決方案，幫助我們驗證：我們建造的是人們真正重視並且能夠使用的解決方案。

然而，單靠設計思考可能導致一些問題。

如何搞砸好東西

設計流程（design process）已經存在一段很長的時間，而長久以來，設計思考（design thinking）也被當作一種通用的設計方法。假如處理得當，設計流程能夠大幅改善過去的壞日子。不過，別把流程與技術搞混。設計流程具有一些可預測的失敗模式，如果你看過良好的設計流程耗費太多的時間，並且導致不良的結果，那麼，你可能認為這類流程行不通。事實上，問題不在流程。

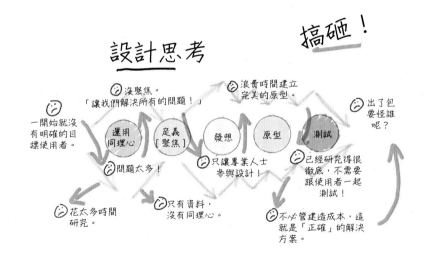

下面是搞砸設計流程的幾個方式：

- 沒有確認商業需求與目標使用者就開始。這會讓我們很難針對聚焦的對象排定優先順序，而且很難分辨你是否找到良好的解決方案。

- 花費大量時間進行徹底的研究以及理解你已經學到的東西。你不可能知道所有的事情——那會沒完沒了，何不適時停止？ time-boxing（時間框限或時間箱）可能是一個好主意。

- 完全不花時間跟人們對話並且向他們學習。畢竟，我們擁有很多資料，而且，關於解決方案，我們的想法真的很好，直接開始設計即可。

- 無法聚焦在特定問題上，改而為許多人解決許多問題。解決的問題越多越好，對嗎？除了大問題經常導致龐大的解決方案之外，試圖為具有相反需求的人們解決問題，可能產生兩方陣營都不青睞的解決方案。

- 考慮多個解決方案，但只要求實際的設計者貢獻想法，因為只有他們經過訓練。

- 別浪費時間考慮多個解決方案，因為我們的想法真的非常棒。

- 精雕細琢出逼真的原型，但沒有跟實際使用它的客戶和使用者充分溝通，畢竟，當他們看見它時，確實有說「看起來真不錯。」

- 說服自己，然後讓別人相信這個經過審慎研究、專業設計的解決方案一定行得通，畢竟你已經遵循嚴格的設計流程，怎麼會錯呢？

- 別擔心需要花費多少建造成本，這就是正確的解決方案，任何代價都是合理的。

- 在將解決方案交付給客戶和使用者而沒看到預期的結果時，尋找流程有問題的地方，或甚至找出你能夠將責任歸咎給他的個人或團體。

我知道我在這裡有點尖酸苛刻，但我確實是設計流程的堅定倡導者，而奇怪的是，我發現我經常抱怨它們，而且上面列舉的失敗罪狀我全都犯過。然而，過去幾年來，我已經在典型的設計方法中找到一些能夠改善的地方。

短週期的驗證學習循環

Eric Ries 是《*The Lean Startup*》（Crown Business）一書的作者，在那本書裡，Eric 敘述他如何掉進我稍早描述為「過去的壞日子」的陷阱，身為新創公司的 CTO，他幫助他的公司建造他們相信能夠獲致成功的產品，只是他們的目標客戶和使用者並不這麼想。事實上，他們的反應混雜著令人愉快的回饋、不好的回饋，和徹底的冷漠，無論如何，這確實不是他們尋求的成果和影響。

Eric 的公司顧問之一是 Steve Blank，Steve 寫過一本名為《*The Four Steps to Epiphany*》（K&S Ranch）的書，該書主張，你必須發展的第一件事情不是產品，而是客戶。他描述一個流程，逐漸驗證你已經找到對解決方案有興趣的客戶，然後驗證你心中的解決方案是他們會購買、使用，並且告訴其他人的解決方案，Steve 稱之為驗證學習流程（*validated learning process*）。

Eric Ries 對產品開發的最大貢獻是將這樣的想法簡化及「產品化」（productize）成這段簡單的咒語：**建造—量測—學習**（*build-measure-learn*），Eric 強調，我們必須縮短完成這個簡單學習循環的時間。傳統設計流程的最大瑕疵之一就是耗費很長的時間學習及設計——以至於你變成跟解決方案繫結得非常深，因而無法驗證那些解決方案是否真的能夠導致你想要的成果。在一般設計流程可能花費數週或數月驗證解決方案想法（solution idea）的情況下，Lean Startup 流程通常只需花費數天的時間。

關於名稱

我必須告訴你，我喜歡關於 Lean Startup（精實創業）思維的大多數事物，但我不喜歡的一個東西就是它的名稱。它其實並不是那麼「精實」（lean），而且，這些概念太重要了，不應該只是給新創公司（startup）使用。

Lean 是指精實思維與原則（由 Toyota Processing System，豐田式生產系統，在數十年前提出）的運用，而精實思維（Lean thinking）現在廣泛被應用在諸多領域中，包括軟體開發。精實思維中有很多很棒的想法，Lean Startup 只不過是冰山一角。

Eric 試圖讓新創公司適用的情況擴及最大型的企業，這些企業存在著高風險與不確定性，必須用新創公司的思維來面對。但我相信，假如你發現自己說「這個專案並沒有多少風險或不確定性」，請注意，這絕對是不可靠的說法，專案總是存在一定的風險，在大多數情境下，Lean Startup 流程裡所描述的學習策略都是相當有用的，不需要向自己或別人解釋你們的行為舉措為何必須像一家新創公司。

Lean Startup 思維如何改變產品設計

在過去的壞日子裡，我們會提出龐大的想法，建造它，並希望獲得最好的結果。

如果我們試著使用嚴格的設計流程來突破那個陷阱，就會先盡量把那些遠大的想法擺一邊，接著，深入研究，務實地面對手上正在解決的問題。

下面是關於如何運用 Lean Startup 思維做事情的建議。

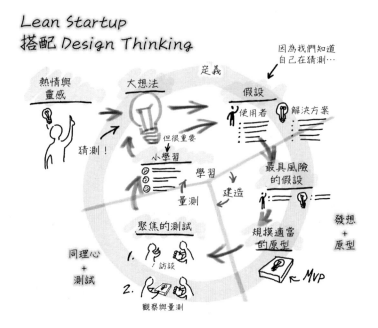

從猜測開始

是的,猜測。

在過去的壞日子裡,你會猜測並且假裝不是在猜測。在設計流程裡,你不會允許自己猜測,無論如何,你還是在猜測,但你會假裝你不是在猜測,因此,就別再裝了吧。

那實際上不僅是猜測,而是一種熱情、經驗、與洞察的混合物——伴隨著相當程度的臆測——讓事情得以運作下去。我假設並且猜測使用者是誰,通常透過草繪簡單的原型,我會建立簡單的「現在」故事地圖來描述我認為他們目前如何工作,我會跟具有第一手客戶與使用者經驗的人協同合作,而且,在某些情況下,我會直接跟客戶與使用者接觸,因此,事實上,團隊所做的許多猜測根本不算是猜測,但也不完全是我們過去經常做的研究。我們會花費數小時到數天的時間做這些工作——但絕不是數週到數個月。

在達成共識、瞭解誰將使用這個軟體,並且聚焦於正在解決的問題之後,我們接著猜測解決方案,我們會使用設計思考的原則——刻意構思及考慮多個解決方案,但我們會試著快速收斂到我們認為的最佳解決方案,有時候,我們無法決定單一解決方案,繼而挑選二、三個,我們不會感到惴惴不安,因為我們知道犯錯的可能性必然存在。

列出有風險的假設

因為我們已經針對使用者和他們目前面對的挑戰做了許多猜測,我們會列出那些猜測。具體來說,我們會一同合作列出我們相信為真的事情,但假如我們發現事實並非如此,那麼,我們就必須重新思考。

我們會對解決方案做相同的事情,我們會思考我們相信人們將如何回應它及使用它,我們會針對人們採用解決方案之後的行為提出一些假設,我們也會討論一些技術風險——那些會威脅解決方案之可建造性(feasibility)的事情。

鑑於一序列關於客戶、使用者和解決方案的風險,我們會識別出最大的幾個風險是什麼。

設計及建造小測試

這裡是事情變得真的不一樣的地方。

在過去的壞日子裡,我們會計畫並且打造整個產品,在設計流程中,我們會針對整個產品或它的大部分製作原型,然而,使用 Lean Startup 方法時,我們的目標是盡快學到東西,我們會盡可能讓原型小一點,在許多情況下,甚至很難稱之為原型。

下面的例子來自於我的一位朋友,他在一個名為 ITHAKA 的非營利組織服務,他們製造一種稱作 JSTOR 的產品,如果你在過去十年間曾經就讀於全美各大專院校,你可能在學校圖書館使用過 JSTOR 尋找撰寫文章所需的參考文獻。

使用這個產品的學生想要輕輕鬆鬆地從任何地方使用它——家裡、咖啡館、甚至在旅途中,但對學生而言,從校園外邊存取 JSTOR 可能是一項挑戰,他們必須跟學校註冊使用者名稱與密碼,當他們坐在咖啡館時,就能夠登入並且存取學校已經授權的全部資源,JSTOR 團隊已經有一個解決方案,但有點難用,他們想要測試做這件事情的新模式。

他們對學生做了這些假設:

* 在咖啡館與宿舍房間讀書做報告。
* 不曉得他們能夠從那些位置存取 JSTOR。
* 或者,他們確實知道,但覺得很困難。

他們對解決方案做了這些假設:

* 很容易學習。
* 學生很容易知道不需要在圖書館也能夠毫不受限地存取 JSTOR。

JSTOR 團隊不需要建造軟體即可測試他們的假設——還不需要。他們必須跟學生對話,具體地瞭解他們在哪裡做研究,尤其是在他們使用 JSTOR 時。團隊必須確認學生的困難一如他們所想,並且確認學生會認為 JSTOR 的解決方案與相關想法將解決他們的困難。

團隊計畫跟許多學生對話，並且，為了更容易且一致地向學生描述問題與解決方案，他們創造了簡單的設計漫畫（design comic）。假如你沒看過它，設計漫畫正如同字面上的意思，看起來就像漫畫書當中的幾頁，但是，代替超級英雄大戰邪惡反派的情節，它描繪的是真實的人們運用你的解決方案處理真實的問題。

下面是摘錄自 JSTOR 的設計漫畫的幾個頁面（ITHAKA 同意轉載，©2014 ITHAKA，版權所有）：

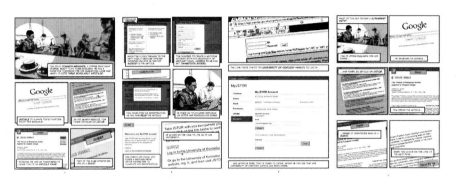

團隊設計的測試要求他們花點時間訪談學生，瞭解他們目前面臨的挑戰，接著，他們會跟那些學生一起審查使用情節（scenario），看看他們的解決方案是否可能解決學生的問題。他們並未建造完整的原型，但確實關注他們的解決方案是否真的有用。另外，他們也有一些技術上的考量，必須撰寫一些要用來測試的原型程式碼，但如果學生沒有這個問題且不會妥善回應他們的想法，那麼，一切就都不重要了。

要測試的最小可能解決方案就是 Lean Startup 所說的最小可行產品（*minimum viable product*）。是的，Eric Ries 知道那不是完整的產品，但是，當你志在學習時，它就是你能夠建造並且運用的最小產品。

透過與客戶和使用者一起執行測試來量測

將測試放在客戶和使用者面前。在早期工作中，這通常表示安排訪談、花時間與人們對話。如果你正在建立消費者解決方案（consumer solution），你可以運用 *customer intercepts*（顧客攔截訪談），這只是一種去客戶和使用者所在的地方、將他們攔下來談話的技術性說法。我曾經緊隨合作對象，跟他們一起到大型購物中心、咖啡館和旅遊景點。

JSTOR 招募大學生和研究生，先花 30 到 60 分鐘訪談他們，瞭解他們目前如何做研究，好讓團隊能夠確認他們針對目前正在解決的問題所做的假設，接著，他們帶領學生瀏覽設計漫畫，瞭解他們對解決方案想法的反應。

重新思考你的解決方案和假設

經過幾次測試，你會開始獲得可預測的結果，如果完全錯誤，你通常會很快瞭解這個事實。彙整你學到的東西，將這些事實反饋到你原本對使用者及其當前工作模式的認知。利用這些資訊，重新思考你的解決方案，接著，重新思考你對使用者和解決方案所做的假設，然後，設計下一個測試。

在 JSTOR 的人員執行測試之後，他們瞭解有一些學生並沒有他們所認知的問題，這通常是個令人失望的消息，因為我們都不喜歡犯錯，但在 Lean Startup 方法裡，這是很好的消息，因為他們在思考及工作二、三天之後立刻發現自己出錯，而不是在打造軟體數週之後才發覺有問題。

如果你正採取這種做法，你的最大挑戰將是學著慶祝你學到什麼，而不是擔心犯什麼錯。

> 在 *Lean Startup* 方法中，
> 無法經常學習是最大的失敗。

在 Lean Startup 方法中，建造（*build*）表示建立規模盡可能小的實驗。量測（*measure*）或許是從可運作軟體中收集分析數據——從訪談中直接觀察以及當面測試原型，或者兩者兼用。學習（*learning*）是我們使用這些資訊所做的事情，重新思考我們的假設，重新改造我們認為的最佳解決方案。

使用者故事和故事地圖？

你可能會問，「使用者故事和故事地圖在哪兒？」，沒錯，問得好。

貫穿整個驗證學習方法，你持續地述說關於使用者是誰、他們在做什麼，以及為什麼做的故事，你會使用故事地圖述說更大的故事，描繪人們目前如何工作，以及你想像他們如何利用你的解決方案。當論及建造

原型時，你會使用故事和故事對話，建立共同的理解，確認你正在建立的原型應該是什麼模樣，以及應該檢查什麼來確認原型已經完成。在你理解使用者故事是一種工作方式之後，你會發現很難分辨你是不是在使用它們。

不過，在發掘期間，我們使用故事的方式有一個很大的差別。一般而言，當我們使用它們時，我們是在跟開發者、測試者和許多其他人對話，討論我們意圖建造及生產的軟體；我們會努力確認我們取得共同的理解，我們會深入細節，探索如何建造軟體，因此，我們能夠獲得足夠的資訊，以預期需要花費多少時間。通常，我們會談論許多故事，因此，我們能夠達成共識，確認在為期兩週的衝刺（sprint）或迭代（iteration）中可以完成多少工作。不過，在發掘期間，我們的工作步調是比較快速的，我們希望在數小時內（而不是數天）建造簡單的原型，即使是使用程式碼和實際資料建造的原型，我們還是希望能夠在數天內完成，而不是數週的時間。建造是為了學習，而且我們預期大多數想法都會失敗，或至少需要經過一些調整才能成功，因此，我們把焦點聚集在迅速協同合作，迅速取得共識，並且盡量減少不必要的形式。

在發掘與驗證學習期間，你可能持續地在述說故事，將想法分解成小的可建構區塊，並且達成共同的理解，確認究竟要建造什麼。你的步調會很快，以至於是否正在運用故事變得不甚清楚，無論如何，你確實正在使用。

第十六章

精煉、定義與建造

現在呢？如果故事是為了計畫及促進討論，以便建造軟體，那麼，我們好像只是在進行許多對話。

卡片、對話、更多卡片、更多對話…

你們的第一組對話幫助你們認識機會（opportunity），你們討論誰會使用產品，並且想像他們會如何利用它來完成有價值的事情。你們的對話內容相當深入，足以把大機會分解成一些小部分，讓你們能夠分辨哪些部分非常重要，必須在下一版釋出；哪些部分則不是那麼重要，你將描述「下一個可行釋出版本」的故事收集到釋出待處理項目（release backlog）中。

如果你是聰明的（我知道你是），你的下一組對話會更深入軟體可能的模樣、可能的行為，以及可能如何融入現有的產品和軟體架構。你讓這些對話仔細檢視一些風險，你把這些故事劃分成幾個部分，以便早一點建造，幫助你更快學到更多東西。而且，因為你很聰明，你將釋出待處理項目（release backlog）切割成多個故事，在早期利用它們來學習，在中期持續強化它們，並於稍後進一步精煉它們。

現在，讓我們好好進行最後一組對話。

切割與拋光

我們想要開始建造這些東西，而且我們知道，如果能夠簡明地描述究竟要建造什麼，就能夠很順利且可預期地建造這些故事所描述的軟體，但在這些對話之後，最後的故事感覺上有點粗糙，我們的討論可能不夠仔細，以致無法確切瞭解它們究竟是什麼以及不是什麼，也無法預測它們需要花多久時間來建造。不過，我們有一個神奇的機器可以修正這一切。

我要你想像一台設計高雅的小機器，我們會從釋出待處理項目中拿出粗糙的故事，放進機器左側的大漏斗，在機器內部，我們會聽到輾磨聲與卡嗒卡嗒響，接著，經過切割與拋光的小石塊就會從機器右側的管道被送出來，這些小石塊就是團隊成員能夠用來以可預期的方式建造高品質軟體的東西。

這台機器從外面看似神奇，但在裡頭，你和團隊正在努力進行一些嚴謹的討論、切割及拋光岩石，隱藏在這台機器裡的特殊機制就是**故事研習會**（*story workshop*）。

回顧第 11 章，故事研習會是富有生產力的小型對話，在這些對話中，合適的人員協同合作，最後一次講述使用者故事，並且在過程中，針對他們究竟要選擇建造什麼做出困難的決策，這些是促使最後確認的深度故事對話。最後，我們到達 *card-conversation-confirmation*（卡片－對話－確認）流程的第三個 C，這個 C 幫助我們實際切割並拋光這些岩石。

進行故事研習會

你需要一個小群組，成員包括開發者、測試者，以及瞭解使用者和 UI 之外觀與行為的人──某些組織中的 UI 設計師或商業分析師。當這個群組夠小而足以在白板前有效地協同合作時，這項任務運作得最好，三到五個人通常是蠻理想的。

細節與確認

故事進

合適規模的故事出

誰？什麼？為什麼？
如何？

故事討論比較像研習會或工作坊，而不是開會

這是研習會（workshop，或稱工作坊），而不是一般會議，會議已經變成一種不具生產力之協同合作的委婉說法。故事研習會必須包含許多富有生產力的討論、比手畫腳、白板描繪及草圖說明等。我們必須共同決定究竟要建造什麼，我們必須從這些對話中建立堅實的共識，我們需要空間進行這些具有生產力且充滿文字與圖片的對話。

在之前的所有對話中，我們討論過種種細節，但其深入程度僅止於因應當時的決策所需，現在，我們的決策聚焦於回答這個問題：我們究竟會建造什麼？

在這個對話期間，你會發現你的故事過於龐大，我的意思是，它比適合開發的理想規模（二、三天以內）還大。好吧，你的故事未必總是太龐大，但你就假設它是，那麼，當它不是時，也算是個意外的驚喜吧。很高興，適當的人員聚集一堂，幫助你把故事分解成較小的故事，方便團隊在產品建造的過程中進行交付、測試和展示。

故事研習會的訣竅

利用故事研習會精煉共識，並明確定義開發團隊要建造什麼。研習會是一種產品對話——涵蓋大量圖片和資料——幫助團隊進行決策，並且確認：我們選擇建造之物的驗收標準（acceptance criteria）。

在研習會之前，讓團隊知道要處理哪些故事，把它們張貼在牆壁上或傳送給大家，讓團隊成員選擇是否參加。

讓研習會保持精實小巧，維持生產力，三到五個人是很合適的。

納入合適的人員。為了讓對話發揮效果，請包括：

- 瞭解使用者以及操作介面可能或應該如何運作的人——通常是產品負責人、使用者介面專家或商業分析師。
- 瞭解你要將軟體融入其中之程式碼基礎的人，因為他們是最清楚什麼東西可以建造的人。
- 將幫忙測試產品的測試者——因為他會幫忙詢問棘手的問題，促使我們考慮其他人經常因為過於樂觀而沒有考慮到的「…如何」（what abouts）問題。

在此，可能還有其他人和角色有關聯，但切記，良好對話的合適規模大概就是「晚餐聊天的人數」。

你可能發現一個人可以扮演兩個角色，例如，在一些 IT 組織裡，我經常看到商業分析師結合測試者的角色，然而，如果不是所有關注點皆被考慮到，請暫停研習會，試著從團隊中找到能夠掌握被遺漏之關注點的某個人。

深入瞭解並且考慮不同選項。運用對話，詳加探索：

- 使用者究竟是誰
- 我們確信她到底會如何使用它
- 看起來究竟如何——亦即，使用者介面
- 軟體在該使用者介面下的行為究竟如何——商業規則與資料驗證等相關規則

- 大致上可能如何建造軟體——因為我們必須預測需要花多久時間建造——很高興,在此,我們讓事情足夠真切,所以能夠更準確地預測它將花費多久時間。

記住,不要認為有什麼事情是絕對必要的。如果我們的討論導致昂貴或複雜的解決方案,請退後一步,討論我們實際在解決的問題,以及我們可能建造來解決它們的其他選項。

同意要建造什麼。在進行足以建立共識的對話之後,繼續回答這些問題:

- 我們將檢查什麼,以確認軟體完成?
- 稍後當我們一起審查時,要如何展示這個軟體?

討論與文件記錄。使用白板或白板掛紙繪製圖形、撰寫範例及考慮選項,不要讓你的決策人間蒸發,在每個人都能看到的白板或白板掛紙上記錄它們,為註解與圖形拍照,稍後再整理。

使用範例進行溝通。盡可能使用具體的範例,說明使用者在做什麼、什麼資料可能被輸入、使用者會看到什麼回應,或者使用任何最能夠支持你的故事的範例。

分解與削薄。在討論細節及考慮開發時間時,你經常會發現故事比你想要放進開發循環的規模還大。大家一起協同合作,分解大故事,或透過移除不必要的東西來「削薄」故事。

行不通的時候…

- 沒人參與——當某個人描述需求,而其他人只是聆聽時。
- 當我們只聚焦在驗收標準,而沒有講述關於誰做什麼及為什麼的故事時。
- 當我們無法同時從功能與技術的觀點考慮選項時。

衝刺或迭代規劃？

有些敏捷開發實踐者在衝刺規劃或迭代規劃之類的議程中完成這些重要的故事對話，假如與你共事的團隊能夠有效合作，一起討論出關於產品的共通理解，這樣確實能夠運作得相當好，對經年與我合作的團隊來說，那正是我們的工作模式。

然而，我從敏捷開發團隊聽到的最大抱怨之一，就是這些規劃議程經常是很冗長、很折磨人的，在某個時候，大家即使還沒達成共識卻仍勉強同意要建造什麼，純粹只是為了結束這個折騰人的會議。

不再孤軍奮戰

Nicola Adams 與 *Steve Barrett*，*RAC Insurance*，伯斯，澳洲

第一次踏入敏捷專案團隊的世界時，我擔任商業分析師的角色，那是一段冷冽、艱峻的經驗，但也讓我體悟到協同合作的力量遠超過書面文字。

— *Nicola Adams*

背景

這裡詳述一段發生在 RAC Insurance（西澳洲，伯斯）、從瀑布式開發到敏捷開發的轉變之旅，Nicola（一位經驗豐富的商業分析師，BA）非常熟悉軟體開發的傳統交付方法，她的角色涉及參與商業運作、瞭解問題領域，並且與 IT 人員合作，整理及記錄交付成果所需符合的功能規格。溝通線（communication line）如下：

原本，焦點在於試圖完成毫無遺漏的詳實規格，然而，在認清「開發者根本不讀」的事實之後，折衷策略（例如，specification walkthroughs，規格複核）被採用，時而成功，時而失敗。從規格完成之後一直到需要知識支援開發與測試，經常發生冗長的延遲。

最初發生什麼事？

與書寫形式之規格的密切關係不容易被打破，在卡片背面記錄需求的概念不容易掌握，如果開發者和測試者沒有足夠的資訊，Nicola如何期望他們交付需要的功能性（她覺得有責任）？焦點變成了建立故事敘述（story narratives），稍微不同於功能規格，但溝通線並未改變。

Nicola 的故事詳述會議（elaboration session）包括：

- 跟商業利害關係人收集需求。
- 深度分析需求與資料。
- 建立故事敘述（每個 1 到 5 頁），記錄需求，解決方案設計，以及驗收標準。
- 使用投影機向團隊宣讀故事敘述，並請大家提問。

令人遺憾地，結果並不理想。這個故事詳述會議效果平平，沒什麼鼓舞人心的作用，而且團隊成員大多沒參與。此外，Nicola 覺得她沒有足夠的時間準備故事，而且團隊在交付期間基本上還是忽略那些故事敘述。

在故事詳述會議之後，一位暫代產品負責人的主題專家 Sam 提到，「如果這就是敏捷開發專案，我可不想要有半點瓜葛！」

這必須修正！

什麼改變了？

專案經理 Steve 促使團隊重新回溯並聚焦在問題上，產生許多關鍵要點，包括放棄故事敘述的文件、將商業與交付團隊納入故事詳述會議、確保待處理項目梳理（backlog grooming）與故事詳述（story elaboration）具體有成效。

Nicola 不只採取行動，她全力擁抱這個意圖。接下來的故事詳述會議整個脫胎換骨。

在檢視那些故事敘述時，團隊不再無所事事地閒坐著，他們現在被包圍在一堆視覺化模型與文字圖片裡，聚精會神地跟產品負責人、主題專家及交付團隊一同對話。

溝通線已經改變，Nicola 不再是商業團隊與 IT 團隊的中間人；她現在是一個推動者（facilitator），促使瞭解商業價值的人、理解使用者與產品可用性的人，以及知道什麼東西可以建造的交付團隊一起充分溝通，好好對話：

商業與交付團隊喜歡這種新形式，並且全心參與，針對要解決的問題建立共識，大家的觀念先發散後收斂，促使團隊能夠在既有限制條件下獲得最佳解決方案。Nicola 的壓力驟減，並且擁有更多的時間。

Nicola 已經擺脫孤軍奮戰的窘境！

人多未必好辦事

折騰人的衝刺規劃會議（sprint planning meeting）已經變成一種常見的機能失調，以至於很多團隊明智地選擇在會議前幾天先進行故事討論，他們通常在行事曆中將這些討論排定成預規劃會議（pre-planning meeting）、待處理項目梳理（backlog grooming）、或待處理項目精煉會議（backlog refinement meeting），然而，結果通常只是將衝刺規劃會議期間令人憎惡的棘手事項變更到其他日子，雪上加霜的是，團隊成員被要求暫停手邊的生產工作，坐下來忍受一連串的折磨，難怪興趣缺缺，表現冷漠。

問題不是故事對話很難，好吧，事實上，它們有時可能相當難，但所有的對話都是因為試圖涵蓋太多人而變得更困難，如果這些人當中有很多都沒興趣參加，你就沒搞頭了，你知道我指的是哪些人——假裝我們沒看見他在桌面下滑手機的那種人。

允許團隊成員選擇是否參加這些對話。如果他們稍後抱怨對話過程所做的決定，下次就請他們參加。

如果每個人都想參加，請試著運用下列補充說明所描述的魚缸協同合作模式（*fishbowl collaboration pattern*）。依此方式，感興趣的人會進來看看，有興趣就參加，沒興趣或沒需要就離開。

魚缸協同合作模式

如果有人誠心想參加對話，但納入他們又會讓對話人數超過富有生產力的規模，請試著使用魚缸協同合作模式（fishbowl collaboration pattern），這種模式提供一種機制，既讓他們參與，又不會衝擊對話成果。通常，他們與其他人會發現，出不出席其實並不像他們想的那麼重要，一段時間下來，你會看到他們樂於讓其他人去討論細節，接著，再於稍後的對話中獲悉那些結果。

流程運作如下：三到五人聚集在白板或白板掛紙前一起工作——他們是魚缸裡的魚。

房間裡的其他人可以靜觀，但不要講話——他們在魚缸外。

如果魚缸外的人想要參與，她可以「跳進」魚缸，但是，當外面有一個人跳進去時，裡面也必須有一個人跳出來。

依此方式，對話保持精實小巧且具生產力，其他人也能夠充分接收資訊並參與。另外，這個方法也可以讓學習者快速進入狀況，而不會耽誤工作。

分解與削薄

還記得第 8 章關於蛋糕與杯子蛋糕的討論嗎？現在，讓我們將這些蛋糕分解成盡可能小的杯子蛋糕。此刻，我們已經有開發者、測試者和其他能夠實際建造軟體的人，我們可以實際想像如何分解這個故事。

記住，軟體是「軟的」，好吧，不像海綿或杯子蛋糕那麼軟，理想上，它比較像龐大的文件或書籍。如果你正在寫書，就像我現在一樣，你不會試著將它一次全部搞定，你可能坐下來，一次寫一章，事實上，我會一次寫一章，而 Peter，我那能力強大且值得倚靠的編輯，會檢視我撰寫的內容，進行改正並且提出建議。

但接著，章節並未「完成」，還差得遠呢。

我必須回頭審視，判斷哪裡應該有插圖，是否需要增加附註、詞彙表、參考資料或索引項目。接著，出版商的其他編輯將審閱每個章節，進行最後的修飾與精煉。我已經很自然地將工作分解，以反覆迭代的方式處理它，以便盡快看到整本書逐漸成形。

你正在閱讀「精煉、定義與建造」的章節，而假如你正在悉心品嚐，希望它有完全烤熟。如果讓我考慮最後的驗收標準，我會說它應該是：

- 編輯過，並且是我可以理解的。
- 編輯過，並且是我的編輯可以理解的。
- 有插畫，幫助讀者具體想像重點。
- 有索引，讀者能夠利用它來查詢本章的術語。
- 有詞彙表，讀者能夠利用它來查詢本章所介紹之術語的定義。

哇哩，那可是一大堆工作，即使我現在只是將這些東西打進第一版草稿，我已經意識到有好多東西要處理，但我不想要在繼續下一章之前將它們全部搞定，因為我想要看看整本書是如何連貫在一起的，因此，我會將它分解成一個個的「杯子蛋糕」——未能交付但小巧且完整的零件，無論如何，隨著本書撰寫，這樣做持續增強我的信心，確信自己保持在正確的軌道上。

我會把我的工作分解成像這樣的故事：

- 精煉、定義、建造第一版草稿。
- 精煉、定義、建造第二版草稿。
- 精煉、定義、建造並且使用插圖。

- 精煉、定義、建造並且整合審閱者的回饋意見。

- 精煉、定義、建造索引。

- 精煉、定義、建造詞彙表。

- 精煉、定義、建造最後的草稿。

針對每一件事，我可以述說故事，描述它的樣貌，思考完成每一個較小版本與改善所需完成的步驟（藉由 Peter 的協助），你可以想見，隨著每一件事情完成，這一章會逐漸更加精煉，並且更接近可釋出的狀態。理論上，在上述清單裡的第一個故事被完成之後，你可以看到一點成果，但我不會秀給你看，因為那看起來並不是很美觀，你的反應應該不會太好。

最後，因為我知道你學得很好，你可能已經注意到，杯子蛋糕規模的較小故事之清單看起來很像這一章的驗收標準，這就是魔法所在，無疑地，驗收標準的討論揭露了我們如何把工作分解成能夠建造並且一路檢查的較小零件。

務必持續檢查你的工作，以便評估它並且進行路線修正。原本應該讓你看看我當初在此寫下的愚蠢範例，但你絕對沒機會看到，因為我撰寫它、檢查它、然後移除它，證據都已經被湮滅了。

在傳統軟體流程裡，「檢查並且移除」之類的東西會被稱作壞需求（bad requirements），但是，當你戴上敏捷開發的魔法帽時，它就是一種學習及以反覆的改進。

玩 Good-Better-Best 遊戲

關於分解故事，我最喜歡的簡單技術之一就是玩 Good-Better-Best（好－更好－最好）的遊戲，我們使用大故事和便利貼進行這項活動，最後得到：

就現在而言夠好

給定故事，開始討論什麼算夠好——真的，通常不夠好，可能不足以吸引客戶或使用者。寫下可以讓它夠好的特性，並且把它們當作獨立的、更小的故事。

在審視 IMDb.com（網際網路電影資料庫）之類的範例時，我們討論「觀看電影資訊」的故事，我們想像一個可以檢視電影細節的畫面，好讓使用者進行是否看電影的決策。當我們討論 Good 時，我們想到這些簡單的東西：

- 看基本資訊：片名、分級、導演、類型等等
- 看電影海報
- 看預告片

更好

接著，詢問什麼會讓它更好。以電影資料庫為例，會得到下列事項：

- 讀劇情簡介
- 讀會員評等
- 讀影評評等

- 觀看演員卡司

最好

最後，詢問什麼會讓它變成最好。在此，別害怕太瘋狂。記住，這些不是需求，只是你和你的團隊考慮的選項。有時候，一些有趣的東西會從這些討論中衍生出來——可能讓產品精彩絕倫，但實作起來又異常簡單的事情。以電影資料庫為例，我們會得到：

- 看其他預告片或相關影片
- 讀電影八卦
- 讀電影報導
- 觀看並且參與電影的相關討論

從以上說明中，你可以看到較小故事的演進如何幫忙強化「觀看電影資訊」的故事，從某種可運作的東西，變成幾個讓它精彩絕倫的小故事。假如我正在建立這個功能，在繼續讓事情變得更好及最好之前，我會先完成整個產品的基礎元素，依此方式進行，我會覺得比較容易在交付期限內完成工作，比較有安全感。

在你實際進行良好的故事討論（我知道你會的），當故事研習會結束時，你應該獲得一些規模適中且受到許多額外文件與模型支持的故事，以及描述如何檢查及確認故事完成的驗收標準。有時候，這需要耗費二、三個研習會，再加上一些外部研究、分析及設計才能夠達成共識，但那是 OK 的，切割及拋光岩石需要時間，以及更多一點耐心。

開發週期規劃的訣竅

Extreme Programming（極限編程）與 Scrum 之類的敏捷開發流程使用時間框開發（*time-boxed development*），在當中，每個開發循環從規劃會議（planning session）開始，並且以審核（review）作為結束。在許多公司裡，它們是最討人厭的會議，可能既冗長囉嗦又讓人痛苦，而且，在團隊成員離開會議之前，通常早已準備好同意任何事情，以便盡快逃離會議室。不難猜測，這樣的規劃品質自然不會太好。

然而，事情不需要搞成這樣。

下面是一些能夠幫助你避開最糟狀況的簡單訣竅。

準備

在一、二個循環之前選擇故事。如果你是產品負責人，請定期與核心產品團隊見面，討論當前解決方案的進展，並且選擇接下來要處理的故事，讓那些解決方案更趨近能夠正式釋出的狀態。

事前的研習會。在規劃會議之前，先騰出時間與產品團隊成員一起工作，深入細節，分解較大的故事，並且考慮多種選項。回顧第 7 章關於 Mat Cropper 的故事，在我與 Mat 交談時，他最期待的事情之一就是一連串專設的、為期半小時的故事研習會，在當中，他讓開發者與測試者準備好進行規劃工作。

邀請整個團隊，以及你在即將到來的開發循環中可能需要他們幫忙的其他人。

計畫

從討論即將到來之開發循環的大目標開始。你已經選擇一些要作業的故事，那組故事如何幫助你推展你正試圖交付的解決方案？

審查你正在討論的故事。在此，別太深入細節——只要讓每個人瞭解整體圖像即可。回顧本章中 Nicola 和 Steve 的故事，看看 Nicola 前方的牆壁：許多文字和圖片幫助團隊成員具體想像整體圖像，對吧？是不是很聰明？

為交付團隊設定時間框，讓他們自行規劃。記住，人多口雜，建造與測試軟體的人員必須切實地思考，找出建造這些故事的方法與訣竅——就像 Sydnie 在第 10 章中所做的那樣。給交付團隊大約一小時的時間，分成幾個小組，一起處理那些故事。如果你是產品負責人、UI 設計師或商業分析師，請貼近他們一些，觀察實際的狀況，隨時準備回答能夠幫助他們迅速前進的問題。

在幾個小群組中，針對每個故事建立計畫。還記得第 12 章關於 three amigos 的討論嗎？確認這些小群組像那樣運作，並且，以開發團隊的立場，判斷這些故事當中有多少能夠在開發循環中成功被

完成。別忘了考慮週休假日，我曾經遇過某個團隊告訴我他們的計畫吹了，因為感恩節即將到來，說得好像這個假期不知從哪裡冒出來，讓他們措手不及一樣。

大家一起同意計畫。 在時間框結束時，在交付團隊針對每個故事進行規劃之後，他們必須回來分享他們的計畫 —— 不需要鉅細靡遺，因為那樣會太無聊、太冗長（即使對他們自己也一樣），重點是讓團隊清楚地知道他們確信自己能夠在開發循環中完成什麼。他們應該嚴正地看待這個計畫與他們同意的事項，尤其是在他們想要其他人認為他們既可靠且可預測時。

取得共識與同意可能需要一點時間，尤其是在所有需要完成的工作根本塞不進開發時間框的情況下，還好你知道一些將故事分解及削薄的技巧，試著將故事從「更好」退回到「夠好」，那樣應該就能夠在開發循環中順利完成它。

慶祝。 規劃完成。在過去，我們喜歡在下午進行規劃工作，試著在下班之前完成作業，並且留點時間好好放鬆與休息，作為慶祝。第二天便能夠精神飽滿、神采奕奕地來上班，著手進行我們一起建立的計畫。

在交付期間使用你的故事地圖

藉由故事地圖，與你的交付團隊建立共同的理解。我經常聽到採取敏捷開發流程的團隊成員說他們多喜歡協同合作，說他們因為每一、二週就會看到或展示可運作的軟體而感覺很有生產力，但接著他們會說，「我覺得我已經不瞭解整體圖像，我只看到我們所建造之產品的各個小零件」。運用故事地圖，讓團隊看到你們正在建造的整個產品或功能，如果他們理解那些決策背後的上下文，就能夠做出更好、更具策略性的設計與開發決策。

利用故事地圖具體呈現進度

在你開始打造產品釋出版本時，故事地圖可作為一種具體呈現你已經建造或尚未建造什麼的儀表板。

有些團隊在完成故事開發時將故事細節從地圖的主體部分移除，那樣的話，他們看到的都是尚未建造的。

其他團隊則喜歡保留故事地圖的原貌，並且用筆或彩色貼紙標示完成的故事，在退後一步檢視故事地圖時，他們看見完成事項與未完成事項以視覺化的方式被呈現出來。

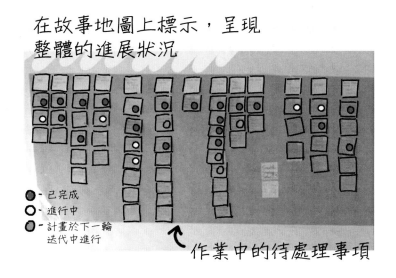

利用故事地圖識別出下一批要建造的故事。每個禮拜，產品負責人必須評估當前開發工作的進展狀況並判斷接下來的聚焦重點。當故事地圖以視覺化的方式呈現進度時，會比較容易瀏覽並且找到需要更聚焦的區域。有點像畫家在畫圖，如果你能夠退後一步，綜觀整幅畫作，自然比較容易判斷接下來要從哪裡著手。

在故事研習會期間使用簡單的故事地圖

在每個開發循環中，你會識別出故事地圖裡頭接下來要處理的故事，你會把那些故事帶進即將在故事研習會中進行的「最後的最佳對話」（last best conversations）。

研習會期間要建立的簡易視覺化呈現就是簡單的故事地圖，針對正在討論的功能，你可能只描繪使用者所採取的三或四個步驟，然而，能夠指著牆上流程中的便利貼，確實有助於讓討論進行得更迅速、更順暢。另外，開始討論驗收標準時，請將它們寫在便利貼上並且增加到這個迷你地圖中。最後，你的簡易視覺化呈現就能夠支援你在研習會裡進行的對話。

以視覺化的方式呈現作業中的待處理項目

Chris Gansen 與 Jason Kunesh，Obama Campaign Dashboard

Obama 在 2008 年的競選活動已經證明，網際網路讓政治生態產生了永久性的改變，Barack Obama 的網路策略在他的提名及隨後的選舉中扮演了直接且重要的角色。2012 年大選的策略則是為了提供支援傳統基層組織動員與募款事宜的工具，同時運用科技作為反制大量第三方款項加入戰局的「力量倍增器」（force multiplier）。雖然我們使用 Pivotal Tracker 與 Basecamp 之類的工具，來追蹤我們的團隊為了支援 2012 Obama Campaign Dashboard 所做的工作，為了幫助其他人確實掌握即時狀況，我們在牆上貼滿便利貼，你可能會問，「你幹嘛花時間在牆壁上弄一堆亂七八糟的便利貼？」以下說明箇中原由。

我們讓兩種不同的文化在相同空間中一起運作，共同努力。我們這些人躲在角落，拆下燈泡，以便在相對昏暗的環境下工作；我們的鍵盤迅速敲擊、異常嘈雜；龐大耳機的樂音掩蓋過有線電視上新聞辦公室裡煙硝味十足的訪談、激辯與掌聲；我們穿的是重金屬樂團的 T 恤，而不是由縐條紋薄織物縫製成的西裝。所有為前一次競選活動打拚的人員，那些穿西裝的傢伙，對軟體開發抱持著傳統的觀點，「我們描述想要的功能，你們負責建造。」他們不習慣逐步漸

進地看到成果，不習慣看到事情以迭代的方式持續變更及改善，而且，他們不習慣在事情具有不良衝擊時接受必要的妥協與折衷。這是競選活動，無法展延交付日期，除非有國會命令！大選過後，不管完成與否，一切終歸結束，而且，沒有辦法讓他們得到他們想像的一切。

Obama 總統披著西裝外套，Jason 穿著 POLO 衫，進行著有史以來壓力最大的產品展示

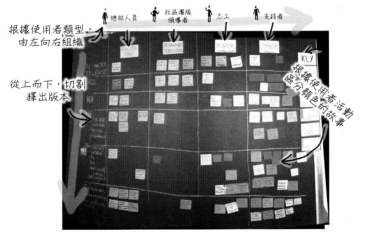

第一個白板

剛開始，我們運用一些基本的故事對照方法，描述使用系統的人們以及他們需要做的各種事情，接著，我們將這些工作組織成不同時間點的不同釋出版本，這樣沒問題，但競選活動的領導人員很難實際融入及思考人們稍後（超過一年之後）會如何工作，他們的腦袋完全聚焦在現在必須完成什麼，而且，他們對志工與群組領導人的行為做了很多猜測，他們必須如此，尤其是當我們重新構思工作人員的工作模式時。

七個月後，我們交付了最小可行產品──只夠應付我們在愛荷華州的第一批使用者，然而，當下的反應並不理想，因為我們釋出的東西顯然不是人們預想的一切，闕漏許多重要事項，而且有臭蟲。我們聽到很多人說，「為什麼不在第一時間就把事情弄對？」我們盡可能向他們保證我們每個禮拜都會修正問題並提出改善，但他們無法完全相信，除非親眼目睹。還好，事情確實很快得到改善，於是乎，信任基礎逐漸鞏固。

這就是一大面牆的便利貼能夠幫上忙的地方。我們使用 Pivotal Tracker 與 Basecamp，但其他人並不會去使用那些工具，我們需要某種完全攤在陽光下的通透機制，讓每個人都能夠看見我們正在做什麼，以及哪些事情即將到來。我們的故事牆從左到右按週組織，從上到下按優先順序排列。我們聚焦在時間，牆上的大時鐘顯示著選戰倒數計時。他們全都明白有些事情現在比較不重要，有些事情隨著投票日逼近而愈顯關鍵。牆上的每個故事針對該想法所影響的活動被標上不同顏色──例如，Field Work（田野調查）、Team Building（團隊建立）、Voter Registration（選民登記），與 Voter Turnout（催票）等等。這張照片有許多紫色的部分，因為那個時候尚處早期階段，Team Building（以紫色便利貼代表）比其他事項（像是 Voter Turnout）都來得重要。

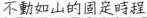

不動如山的固定時程

與 Scrum 無關

倒數計時

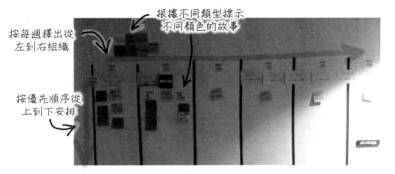

根據不同類型標示
不同顏色的故事

按每週釋出從
左到右組織

按優先順序從
上到下安排

從左到右每週釋出,從上到下安排優先順序,並根據產品區域標示
不同顏色

當我們將某些東西添加到白板上時,我們跟從事競選活動的人員一
起商討,我們討論什麼事情已經被規劃到那一週,有沒有可能在該
週之內完成它,我們談論那個功能想法背後必須解決的真正問題,
我們一起判斷這件事情相對於牆上其他事項究竟有多重要。當論及
建造軟體時,負責的開發者會直接跟最瞭解內情的利害關係人一起
工作,一同釐清細節。有時候,我們只需在白板上塗塗寫寫即可獲
得共識,有時候,我們會花一天的時間建造一些簡單的 UI 原型。

這面貼滿便利貼的大牆,在開發軟體的人員與使用軟體的人員之間
建構了一座橋梁,以視覺化的方式,幫助他們具體想像發生什麼事
及何時發生,並且積極地參與決策。

第十七章

使用者故事實際上就像 Asteroids

如果你有一定年紀，你可能還記得名為 *Asteroids*（打隕石）的古早味電玩遊戲，請耐心聽我道來，我保證這確實跟我們的討論主題有關，真的。

在 *Asteroids* 遊戲中，你是一艘漂浮在遙遠外太空的小飛船，不過，你陷入一群大隕石的包圍，為了生存，你必須打出一條活路！如果你射擊大隕石，它會爆裂成幾個較小的隕石，而且，讓事情更複雜的是，這些較小的隕石移動得更迅速，並且四處亂飛——讓你更難避免被撞擊。如果你射擊較小的隕石，它會分裂成更小的隕石，移動得更迅速，方向更難捉摸；不久，螢幕上，各種大小的隕石就會從四面八方而來，幸好當你射擊最細微的隕石時，它們徹底粉碎，瓦解在虛空中，從這一團混亂中灰飛煙滅。

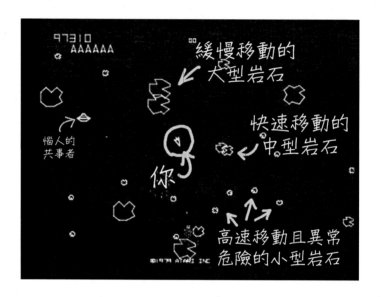

相當差勁的戰略是先射擊所有的大岩石，將它們全部分解成小岩石，那樣的話，螢幕上布滿四處亂竄的小岩石，很快地，你就會死得很難看。

類似地，對產品待處理項目（product backlog）的管理策略來說，最糟糕的策略就是直接分解所有的大故事，讓它們變得夠小，足以塞進下一個開發循環。你的待處理項目將充滿大量四處亂竄的小故事，你會手忙腳亂，死得很難看。好吧，你不會真的死掉，但你會被活埋在一堆不必要的複雜度中，你和其他人都將抱怨失去整體圖像，迷失在所有這些小細節中。

逐漸分解故事，不要急躁，及時、適時就可以。

在每個故事討論與分解階段，你的心裡會抱持著這樣的目的：

1. **針對機會**，你將討論它們是針對誰、解決什麼問題、是否跟你的商業策略一致，這個時候，分解過於龐大的機會可能是比較合理的做法。

2. **在發掘期間**，你將具體討論誰會使用這個產品、為何使用，以及如何使用。團隊的目標是擘劃出有價值、可使用、及可建造的產品。在此，你必須做許多岩石分解的工作，希望你僅將必要的最少量故事移到描述最小可行產品的釋出待處理項目（release backlog）。

3. 在規劃開發策略時，你會討論風險何在——源自於考量使用者會喜歡及採用什麼的風險，源自於考量可建造性的風險。你會審慎學習並且分解岩石，先處理你必須先建造的東西，以便學到最多資訊。

4. 在規劃下一個開發循環時，你會進行最後的最佳討論（last best discussions），決定究竟要建造什麼，並且針對如何確認軟體完成取得協議。每一個協議均提供機會讓你進一步分解故事，最後，每個故事僅僅滿足一個協議。

可以看到，假如你試著一次完成所有四個對話，那會相當冗長、相當累人。這些對話需要各種人員參與並且探討各個面向，而且，你可能已經從我的警告和自己的經驗中瞭解到，一大群人很難有效地協同合作——至少不是相同時間在相同房間裡。因此，隨著時間經過，我們運用許多對話，逐漸分解故事。

重新組合分解的岩石

在 *Asteroids* 遊戲中，你必須非常小心被你射擊的那些隕石，因為一旦分裂，就不能將隕石組合回去，然而，你可以將分解的故事組織起來。

為避免待處理項目充斥著大量極細微的故事，將一群故事組織起來，把它們的標題寫成同一張卡片上的項目清單，再使用單一標題，在新卡片上總結那些小標題。好啦，你得到一個大故事。

當你思考這件事情時，其實是相當奇妙的，這張卡片與上頭所寫的標題是許多無形想法的有形依據。想法（ideas）比岩石或沉重的文件更具可塑性。有時候，我們忘記軟體開發是一種知識工作（knowledge work），當我們忘記這件事並且僵固於文件與流程時，它會變成枯燥乏味的事務性工作，而當我的合作對象管理的是裡頭充斥著細微故事的龐大待處理項目時，事情真的會變得非常呆板且繁雜。

打包小故事，清理你的待處理項目

我經常碰到產品團隊的待處理項目內含數百個項目，而且不難想見，他們告訴我他們費盡辛苦地為這些待處理項目排定優先順序。當我檢視他們的待處理項目時，裡頭往往充斥著許多細微的小故事，一個一個討論並且決定優先順序需要耗費數小時、甚至數天的時間。所以，請別那樣做。

如果這是 Asteroids 遊戲的話，你已經沒救了，但還好不是，請試著把你的小故事打包成較大的故事：

1. 如果你的故事被存放在電子式的待處理項目裡，請將它們弄到卡片或便利貼上，不管你使用的是什麼工具，應該都能夠把它們列印或輸出到表單。我會使用文字處理程式的簡單 mail merge（合併列印）功能，為所有的使用者故事建立標籤，接著，將它們黏貼到卡片上，或者直接列印到卡片上。

2. 請求一群瞭解系統的團隊成員幫忙，安排一個有一些牆面與桌面空間可以使用的房間。

3. 給每個人幾個故事卡片，請他們開始將卡片放在桌面上或者貼到牆壁上。

4. 當你看到某個卡片類似於你所放置的卡片時，就將它們聚集在一起，別把「類似」的意思想得太複雜——憑你的直覺即可。

5. 靜靜地進行這項組織工作，至少一開始如此。你會發現對話讓事情的進展變緩慢，而且，學習使用模型與肢體語言進行溝通是很有幫助的。

6. 移動及重組任何你想要的卡片。這是大家的模型，那表示沒有人擁有卡片、卡片也沒有固定的位置，如果有東西看起來不恰當，就移動它吧。如果有人不同意，他或她自然會將它移回來。那表示，你們需要討論一下箇中原因。

7. 在事情聚集成一群一群之後，使用不同顏色的卡片或便利貼為每一群卡片準備一個標頭（header），在那張卡片上，寫下更合適的故事名稱——一個點出這些卡片為何類似的名稱。假如你使用「UI 改善」這樣的名稱，可能太過含糊，「改善輸入及編輯留言」會比較好——假設那些 UI 改變係針對留言功能。

8. 重新萃取出的東西變成較大的新故事，其他卡片變成它的描述要點，將這些萃取物放回你的釋出待處理項目（release backlog）。或者，假如是可遞延的，就將它們直接移回你的機會待處理項目（opportunity backlog）。

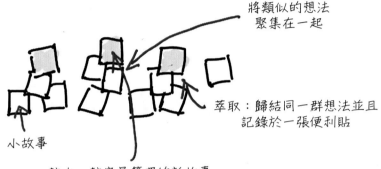

將類似的想法聚集在一起

萃取：歸結同一群想法並且記錄於一張便利貼

小故事

較大、較容易管理的新故事

這非常適用於由許多小項目組成的深層待處理項目，深層的臭蟲清單也一樣。你知道為何總是有許多低優先性的臭蟲不會被修正嗎？請將低優先性的臭蟲跟系統中相同領域裡具有較高優先性的其他臭蟲打包在一起，如此一來，當開發者進來修正高優先性的臭蟲時，修正低優先性的臭蟲往往也會變得輕而易舉。你的客戶和使用者會感謝你這麼做的。

故事對照適可而止

我經常聽到試圖釐清故事對照的人員抱怨「太多東西了」，當我問他們「出了什麼差錯？」時，我發現，他們竟然為了討論一個簡單的功能就建立了整個系統的龐大地圖，他們說的沒錯：確實太多東西，所以，請別那樣做。

只針對你要說故事的功能進行對照。

例如，我曾經跟一家公司合作，改變該公司的多人協作文件編輯軟體的留言（commenting）功能，團隊以相當高的層級針對文件編輯（document editing）進行故事對照，而且僅僅使用幾張卡片，當他們進入留言相關領域時，他們增加更多卡片，總結他們的產品目前在做什麼，並且在單一卡片上寫下許多清單項目，接著，開始討論想要做什麼變更，並且針對他們正在考慮的全部細節和選項，增添許多卡片。

將某個功能增添到既有產品時，只要在該功能於使用者故事裡的開始處的稍微前面一點、以及結束處的稍微後面一點進行故事對照，不需要對照整個產品。

記住，故事地圖支援有關你的使用者和你的產品想法的對話，良好的經驗法則是：如果你不需要討論它，就不需要對照它。

別為小事情瞎操心

我已經描述了整個岩石分解的過程，甚至警告你要像玩 *Asteroids* 電玩遊戲那樣地對待這些岩石，才不會忍不住太早分解它們。在這些策略背後，我們假設我們想到的很多故事都是相當龐大的，但實際上，許多故事並不是，在你把產品或功能交付給使用者之後，你會立刻發現有很多小東西都是顯而易見的——一些理所當然的東西。至少，那是發生在我身上的狀況。針對那些事情，我並未進行機會討論，或者集合一群人進行產品發掘，因為大家都理所當然地認為它們會被完成。就那些事情而言，我會將它們放進當前的釋出待處理項目，然後，盡早跟團隊成員一起為它們進行研習會，以便完成建造工作。相同的道理也適用於臭蟲，以及許多小改善。

拯救世界，一次一個小修正

再一次，這是我在 Atlassian 的朋友 Sherif，他正向我解釋，產品團隊成員不時地挑選並且處理許多小修正和小改善，他們很擔心使用者的反應，而且，他們知道許多小臭蟲和不完美搞得使用者快抓狂——也弄得他們自己快瘋掉，他們說，那種感覺就好像被凌遲一樣。因此，在 Green Hopper 產品團隊附近的牆壁上有一堆標記，每當團隊成員修正某個小問題時，他就會在牆壁上做一個標記，看起來，將有 47 個小修正會被放進下一個釋出版本。如果你是 Confluence 或 JIRA 的使用者，你稍後可以好好感謝他們。

第十八章

從你所建造的一切學習

假如你恪守傳統開發流程，你可能相信你的工作在軟體建造完成時也跟著結束了，然而，敏捷開發與使用者故事是為學習而打造的，在建造任何事情之前，我們花了許多時間確認我們應該建造它，針對要建造什麼達成共同的理解，而在建造之後，我們會再一次檢視並詢問是否應該建造它、它是不是夠好。

讓我們討論一下建造之後的所有學習機會。

團隊審查

讓我們倒帶回去慶祝的部分。在開發與測試循環結束後，接著就是慶祝。你已經將一些想法、討論、草圖、與比手畫腳轉變成實實在在的可運作軟體。若是採用傳統的需求流程（requirements process），整個過程會多花很多時間，而且，你跟你的團隊對結果可能比較沒有承擔感。

在相互擊掌慶賀之後，團隊應該坐下來，誠實地檢視我們完成了些什麼。如果我們誠實面對自己，可能會發現一些可以提升及改善的地方。針對每一件事，我們會撰寫另一個故事，並且將它增加到釋出待處理項目，我們會判斷這些東西是不是需要立刻改變，或者可以往後遞延。

在 Scrum 之類的流程裡，這被稱作**衝刺審查會議**（*sprint review*），如果你是 Scrum 的實踐者，你可能聽說過這項審查歡迎每個人參加，但我建議你調整一下做法。

之前，團隊密切合作、進行最後的最佳故事對話、同意要建造什麼，並且一起進行建造工作，現在，他們需要可以公開討論其工作成果的時間與安全處所。團隊之外的其他人（包括企業領導階層）對產品的看法很重要，團隊必須聆聽他們的意見，但他們當初並未參與針對建造細節建立共識的對話，也未參加針對軟體開發建立詳細計畫的討論，而且，他們並未跟團隊一起工作，共同把這些討論與協議轉變成可以運作的軟體。事實上，我們必須先評估我們是否在預定時間內建立了我們所構思的產品並且達到希望的品質水準，請以團隊產品審查與反思（*team product review and reflection*）的形式來進行這項工作。

團隊產品審查與反思的訣竅與做法

一同理解使用者故事（並且產生短期建造計畫）的團隊必須停下來反思其工作品質，請利用短期研習會（workshop）完成這項工作。

這個研習會只限於一同瞭解及規劃工作的人員參加，包括產品負責人和產品團隊的其他人、開發者、QA 人員，以及處理實際交付工作的任何人。沒錯，我的意思是可以排除商業利害關係人。別著急，我們很快就會跟他們分享，但現在，我們需要一個安全的地方，關起門來好好談談。

帶點吃的。幾年前，在我的團隊中，如果大家沒有吃貝果，這個研習會就無法開始。

利用這個研習會審查三件事：產品、計畫和流程。

產品

從討論根據故事建造的軟體開始，確認你有將它帶到螢幕上，攤在眾人眼前，並且利用機會徹底試用看看。在大型團隊中，這可能是讓每個人看到他人工作成果的唯一機會。

讓團隊主觀地評等你的品質，評等將引發許多良好的討論。

- 討論使用者經驗的品質。不只是 UI 看起來如何，還有它用起來感覺怎樣，跟你預期的一樣好嗎？自己打分數，1 到 5 分，5 分最好。

- 討論功能品質。測試進行順利，還是臭蟲一堆？隨著更多軟體被增加，測試者預期找到更多臭蟲？或者測試者變得更從容？自己打分數，1 到 5 分，5 分最好。

- 討論程式碼品質。新寫的程式碼容易維護及增長嗎？或者，又寫出一批將被放棄的過時程式碼？自己打分數，1 到 5 分，5 分最好。

撰寫故事，修正你從產品中看到的品質議題。

假如發掘與交付工作你都有參加，而且應該參加，那麼，就討論上一個循環的發掘工作，你做了什麼？學到了什麼？

計畫

假如你在有時間框限制的迭代與衝刺中工作，你從計畫及預測要完成多少東西開始，計畫得不錯嗎？

- 判斷哪些故事完成及沒完成。這可能比你想的還困難。進行這個討論有助於團隊針對什麼叫作完成建立共通的定義,「完成」是指自動化測試完成?還是所有手動測試完成?或者,產品負責人或 UI 設計師已經審查過?

- 加總你們同意已經完成的故事數量,這是你的 *velocity*(速度)。

- 加總已經開始但未完成的故事數量,如果很多,那表示你必須好好注意你的規劃工作,我稱這個數量為 *overhang*(懸宕),某個我經常與之合作的人稱它為 *hangover*(宿醉),因為它讓你頭疼。

- 討論計畫用在發掘工作的時間。你有善用這段時間嗎?實際的作業時間比預計的作業時間更久嗎?使用太少時間會在稍後造成傷害,因為你對於準備建造的東西缺乏信心;使用太多時間也可能造成傷害,因為那會降低準時交付你承諾要建造之物的機會。

流程

討論你在上一個開發循環的工作模式。你能夠改變工作方式以便改善品質?提升預先計畫的能力?讓每天的工作更有趣味?我相信,如果工作愉快的話,你會做得更快速、更俐落。[1]

- 從你在上一個循環中嘗試的改變開始討論,它們有效嗎?你想要繼續保持,或是去除它們?

- 討論你在下一個循環中想要嘗試的改變。不要搞得太大,小改變最好,試圖一次改變太多東西就類似嘗試一次承擔太多工作,你會大失所望。

就這樣。你已經成功地從你所建造的故事、以及你為它完成的所有工作中學到一些東西。

---

[1] 這個流程改善討論通常被稱作回顧會議(*retrospective*),並且有許多好方法可以執行它,假如你想要檢視更完整的回顧會議方法,請參閱 Esther Derby 與 Diana Larsen 所寫的《*Agile Retrospectives*》(Pragmatic)。

與組織裡的其他人一起審查

當團隊已經對其產品做出公正評估時，請擴大參與，納入組織中任何有興趣的其他人，這個群組必須對團隊所進行的討論，以及你們所做的妥協與折衷有一些深入瞭解。記住，你們已經將它們轉變成可用軟體的故事可能是一些從較大版本之完成產品分解出來的小岩石，團隊以外的人們可能期望看到完整的產品，他們可能指出什麼東西被漏掉，因為他們並未參與規劃會議（決定什麼要往後遞延），你要有心理準備，並且幫助他們理解你所建造的那些片段是如何融入較大的計畫。請在*利害關係人產品審查*（*stakeholder product review*）中做這件事。

利害關係人產品審查的訣竅與做法

組織裡可能有許多其他人對你正在進行及已經完成的工作感興趣，你必須讓他們看到這些東西。與你的團隊不同，這些人可能不知道你選擇建造什麼的相關細節，也不曉得它們屬於整體圖像的哪個部分。因此，你必須計畫將你完成及學到的東西連結到這個產品，而這也是向他們學習並獲得支持的絕佳機會。

邀請每個有興趣的人參與。這是大型的公開審查，歡迎任何有興趣的人參加。確認你的團隊全體出席，看到別人對其建造成果的反應，無論正面或負面，有助於提醒他們瞭解自己所產生的影響。

帶點吃的。相信我，在吃吃喝喝之間，大家比較聽得進去你說的話，有了美味的小餅乾，即使壞消息也比較容易「吞」下去。

你將審查兩類資訊：你從事的發掘工作，以及你交付的使用者故事。

審查發掘工作

審查發掘工作至關重要。從利害關係人那裡獲取回饋意見的最佳時機就是在你投入大量時間建造某物之前。如果你呈現的是將軟體擺在客戶與使用者面前所得到的真實經驗，利害關係人會想要瞭解客戶實際上在想什麼。切記，唯一勝過經理人觀點的事情就是鐵錚錚的事實。

- 簡單討論你處理過的每個機會：誰適用、為何建造，以及預期的成果。
- 討論並且展示你所完成的工作，以便瞭解問題與解決方案。
- 討論並且展示你所完成的原型與實驗，討論客戶和使用者對於你的解決方案的看法。

審查交付工作

根據我的經驗，利害關係人會把焦點放在你釋出什麼給客戶和使用者，以及何時釋出。理應如此，因為直到釋出可行方案，你們才能夠觀察實際的成果。利害關係人的興趣主要在於朝目標前進的進展情形。

在解決方案的層次上審查你已經完成的交付工作，將最小可行方案想成跟利害關係人比較有切身關聯的大岩石。

針對每個解決方案：

- 審查解決方案的目標客戶、使用者和成果，最好記住我們為何建造這個解決方案，以及成功的意思是什麼。
- 討論並且展示針對每個解決方案建立之使用者故事的結果，利害關係人將提供回饋意見。假如他們在你進行發掘工作時有機會提供回饋意見，希望這些回饋意見現在會是「嗯，看起來還是很好」。
- 從整體觀點討論故事。如果你採取類似 *Mona Lisa* 案例的策略，你必須向他們解釋軟體在此時點為何看起來不完整。記住，他們可能想要看 1 平方英寸的完整描繪，而不是一整張畫布的草圖。
- 與他們分享釋出這個解決方案的進展情況，剩下多少工作？你在建造將影響成功交付的解決方案時學到了什麼？

準備好為新機會或者必要的新變更撰寫故事。

房間裡不熟悉你正在建造什麼及為什麼的其他人可能會提出一些不好的建議，請禮貌且和顏悅色地提醒他們這個解決方案的目標對象與成果，並且解釋他們的建議為什麼可能是好主意但無助於目前聚焦的成果。

> 讓公司裡的每個人都能夠看到你的工作成果，幫助他們對於你正在進行和學習的東西產生興趣。

足夠

我相信，在使用喜歡的產品時，我不會仔細品味或欣賞裡頭的每個細節與相關決策，事實上，如果運作順暢的話，我根本不會特別注意到什麼東西，譬如說，我不會注意我的行動裝置如何斷線及重新連線；當我在任務管理軟體的行動版本裡改變某個東西的位置時，我不會注意到 Web 版本如何立刻同步，然而，這些都是很重要的品質，我會察覺它們是否存在。整個團隊一直在大量細節裡折騰，但奇特的是，你們可能不想要使用者和其他人注意到它們，事實上，你們可能想要知道他們不會注意到那些細節。

你會從這些人身上學到許多東西：組織裡的利害關係人、購買產品的客戶，以及即將使用產品的個別使用者，當你將「足夠」的產品放在他們前面時，他們就能夠清楚地看到這個產品如何幫助他們達成他們的目標之一。

對利害關係人來說

足夠的軟體可能是吸引新客戶的新增關鍵功能，或者是你所獲悉關於具競爭力之功能必須包含哪些細節的資訊。

對客戶來說

足夠的軟體可能是讓客戶或他們的組織在開始使用這個新軟體時獲得實際價值新增功能。

對使用者來說

足夠的軟體可能是讓他們在使用你的產品時能夠達成某個目標的新增功能。

如果你妥善進行你的岩石分解流程，最後會得到許多可建造的小零件，那些零件的每一個都可以讓你和你的團隊學到某些事情，然而，如果你沒做錯的話，那些小零件可能都不足以對其他群組產生什麼大影響。

在腦海裡，我想像我們建造的軟體小片段像樂高積木那樣被堆疊起來，我把這些積木都放到老式天秤上，那種具有兩個平台、一端放著砝碼的天秤。我把這一疊增長中的軟體放在一端，另一端則是代表**足夠**的較大樂高積木——足以讓使用者完成某項任務或達成某個目標、足以讓客戶把它視為其價值主張（value proposition）的一部分、足以讓商業利害關係人看出它如何幫助組織達成商業目標。當累積足夠的軟體並且撼動天平時，就跟使用者一起進行測試，或跟客戶或商業利害關係人一同進行審查。

你們必須密切合作，審查每一個故事的結果，需要學習及改善的不只是你們的產品，還有你們進行規劃及協同合作的方法。在從其他群組得到回饋意見並且學到某些東西時，要對那些群組覺得什麼才算足夠保持敏感與警覺。

向使用者學習

一開始，我們可能相當自信地認為我們正在建造正確的東西，然而，為了保持信心，請務必跟使用者一起測試可運作的軟體。

注意，我說的是**測試**。「展示與說明」（show and tell）無法讓我們從使用者那裡學到很多東西——亦即，對使用者展示軟體，要求他們想像使用情況並且決定是否想要它，這有點像是在展示廳裡觀賞一輛新車，並且試著決定你是否喜歡駕駛它。測試驅動（test-driving）你的軟體能夠幫助使用者實際評估它是否解決了他們的問題。協同合作，透過觀察他們的使用狀況，我們會學到更多東西，如果你和你的團隊已經進行了良好的故事對話，你可能談到使用者、他們為什麼會認同你建造的東西、以及他們會如何使用它，而真正能夠驗證那些假設的就是實際看他們使用它。

當你有了足夠的軟體讓使用者完成某一件對他們有意義的事情時，就應該進行測試，你可能不是在測試全新的東西，你可能針對產品已經在做的事情進行變更或加強。花點時間跟使用者相處，觀察他們如何使用你的軟體進行實際的工作。

從產品釋出中學習

你已經建造小量軟體，並且以團隊的方式審查它的每一個片段。你定期跟組織裡的利害關係人、將購買或採用產品的客戶以及將使用它的人一起進行審查。然而，如果你還記得本書的開頭，我們真正想要的不是軟體——而是軟體被交付及使用之後所獲得的成果。

當你感覺好像已經建造足夠的東西，並確信你將得到那些成果時，就是將它公諸於世的時候了。

我再想像一個天秤，上頭堆疊著我已經跟使用者一起測試、反覆改善，並且有信心釋出的軟體積木，這一端持續增長，而另一端也是代表「足夠」的較大積木 —— 足以釋出並且滿足其目標對象的需要。當我到達「足夠」的程度時，就是能夠釋出的時候了。

你必須計畫從每個釋出版本中學習，請不要在釋出軟體後就在那邊枯等著客戶和使用者抱怨，那些抱怨也是成果，但往往是實際狀況的落後指標。針對每個釋出版本，以團隊的形式討論如何量測或觀察產品的使用者，看看你是否真的得到你預期的成果。討論並且決定你將如何：

- 建立產品相關的統計數據，讓你追蹤新功能的使用狀況。
- 安排時間，在使用者操作新的釋出版本時，觀察他們的使用狀況。

以團隊的形式，例行性地討論你們學到什麼，然後提出改進的想法，並且撰寫更多的故事。你會看到其中有一些很重要，必須立刻實作，其他則是機會，可以添加到你的機會待處理項目。

按時程產出成果

有些公司和軟體允許我們在累積足夠的東西時進行釋出，然而，對許多公司和產品來說（或許是大多數），我們必須按時程釋出產品。如果我們一直有效地運用開發策略，我們已經在早期的開局故事（opening-game stories）裡奠定基礎，使用中局故事（midgame stories）加強產品，並且在釋出時處理我們的終局故事（endgame stories）。

現在，我必須再提醒你幾個關於軟體開發的事實。

軟體從未真正被完成。

在為期甚短的開發循環期間，你們會實作完成團隊承擔的每一個使用者故事，但你可能不會完成你在開發初期所想像的、或你在每個學習循環中所識別的每一個故事。無論如何，如果你已經使用有效的開發策略，軟體在被釋出時自然會盡可能地完善。

成果無人能保證。

儘管你已經盡力驗證你建造的是合適的東西，然而，產品使用者的行為經常不同於預期，你必須計畫隨著每個產品釋出好好學習，並且根據你學到的東西進行變更。

產品釋出之後所做的改善是最有價值的。

在使用者開始採用並且經常使用你的軟體時，你所觀察到的那些不可預期的事情往往最能夠產生深入的洞察。如果你妥善規劃時間，實際量測並觀察成果，你會得到豐厚的報償，人們真的喜歡你的產品，而且你的產品對你的組織真的有價值。

使用故事地圖評估產品釋出妥善度

你會一個故事接著一個故事地完成你的產品釋出，隨著承諾的交付日期慢慢逼近——通常有承諾的交付日期——請針對每個主要的使用者活動詢問「假如必須立刻交付產品，我們給自己打幾分？」如果你使用英文字母打分數，就像我家的小朋友在學校那樣，你最後會得到一張產品成績單。

譬如說，假如你在承諾的交付日期前幾週，檢視具有 5 個主要活動的產品或功能，並且看見成績單上記錄著 A、$A-$、$B+$、D、$B+$，你可能想要在剩下的這幾個禮拜把焦點集中在目前被評等為 D 的部分。假如最後的結果都是 A 與 B，那就相當不錯，當然，能夠全部是 A 的話自然最好，但準時完成可能更重要。

隨著承諾的釋出日期逼近，請合力評估產品釋出妥善度（release readiness）。相信我，每個人都想要知道。

本書已近尾聲，讀到這裡，你可能對它的產品釋出妥善度會有一些看法，你可以回頭看看目錄，使用英文字母，針對每一章進行評分。用手機拍下來把它傳給我，我很樂意瞭解你的看法。

結束，是嗎？

就像好的軟體產品，這本書並非真的完成了。貫穿全書，許多我認識的好朋友們貢獻了很多好例子，他們告訴我，他們利用使用者故事和故事對照所做的一些絕妙好事。事實上，我的硬碟裡還有許多精彩絕倫的故事，可惜我沒有時間一一將它們精煉並且蒐羅在本書中，這實在是一件讓我揪心的憾事。

關於故事與故事地圖，還有許多細節能夠討論，而且，我相信你一定還有一些關於如何運用使用者故事的疑問。隨著本書接近尾聲，我也開始擔心這件事。

個人曾經擔任過開發者、UI 設計師和產品經理，我可以坦白地告訴你，我很少對產品釋出感到高興，原因是，我瞭解我無法涵蓋一切，我知道所有的小東西都能夠再利用一點額外時間加以琢磨，使之更為完善。如果你真的在乎你建造的東西，我預料你也會有相同的感覺。

請容我重述第 4 章引用自達文西的話語：

> 絕美的藝術從未被完成，只有被放棄。

我不敢瞎說這本書是絕美的藝術，但我要說的是，雖然還有許多可以努力的地方，但我必須在此放手，將後續的探索工作留給你，並且期待接到你的好消息，找到屬於你自己的更好做法，協同合作，創造出更棒的產品。

致謝

這是本書最難寫的部分之一。很幸運地，在我的職涯中，我受到很多人的支持與提攜，持續不斷地受到許多朋友與共事者的鼓勵，因此，在我開始表達心中的感謝時，實在害怕漏掉某人。在此聲明，若有疏漏，我在這裡表達最誠摯的歉意，而且我猜想你不是唯一被漏掉的人。

還有一件事，我相當確定我並沒有任何原創想法。關於這個世代是否還有原創想法的問題，確實有一些爭議存在。然而，就我而言，我知道，我從過去二十年來一起共事的聰明人身上學到所有東西，從這些具有真知灼見的朋友與同儕身上，我學到許多寶貴的知識，並且能夠實際運用很多新想法與實務作為。經過長時間與他們一起討論，我學會如何詮釋及深入理解我在實務上所獲得的經驗。關於這本書的任何觀念與想法，我實在不敢居功，因為我知道，絕大部分的想法都只是借用自其他人的觀念。

每當我領會到某個我相信具有原創性的想法時，我會提醒自己它是不是源自於 *cryptomnesia*（潛藏的記憶）。這是一個很有趣的字彙，隱含著「無意的剽竊」之意，一些聲譽卓著的人，如 George Harrison 與 Umberto Eco 等都曾經獲罪於此。cryptomnesia 發生在被遺忘的經驗重新浮現，但卻不自覺那是源自於記憶深處時，當事人相信他們提出的想法是新穎且具原創性的，而不是源自於他們曾經閱讀、聽聞、經驗，但卻遺忘的事情，亦即潛藏在記憶深處的一抹痕跡。在以下我所感謝的人當中，可能有很多都是我曾經不經意地從他們身上「偷師學藝」的對象。

因此，基於這段引言，我將從這裡開始：

事實上，我幾乎放棄寫書這件事，過去十年來，當我試圖提筆寫作時，我確實碰到困難，我似乎只能撰寫短文、簡短演說，一旦嘗試撰寫二、三千字以上的東西時，問題就開始浮現。把我的書寫過程描述成動物標本剝製術（taxidermy），可說是再合適不過，意思是，我會把某個生動美麗的東西殺了，然後在裡頭填充材料，我頂多只能期望它是栩栩如生的。Peter Economy 幫我打破這個輪迴，他多年的寫作經驗以及永遠樂觀支持的正向態度，幫助我找到我的寫作之鑰，非常感謝 Peter。如果你正為寫書絞盡心力，你可以打個電話給他。

Martin Fowler、Alan Cooper 與 Marty Cagan 是我心目中的英雄，我有幸遇到他們，與他們共事，並且跟他們促膝長談，他們的思想深深影響我的整個職涯。這三個人當中有二位覺得在一本書裡安排三個序言並不恰當，但我很高興我堅持這樣做，最後他們也同意。他們為軟體工程、使用者經驗與產品思考（我認為這些想法是創造成功產品的重要關鍵）竭力發聲，我認為讀者諸公們務必仔細聆聽他們的話語。

Alistair Cockburn 是我十多年的朋友與導師，我相當肯定，很多我以為是屬於我自己的絕妙想法都是從長期與他對話之中直接偷師的，將牆壁上與桌面上的故事卡片模型稱作「故事地圖」就是源自於這些對話之一。當我試圖向 Alistair 解釋那是什麼時，我記得我隨口說出「它只是故事地圖」，Alistair 接著說，「那麼，你何不就這麼稱呼它」，從此，這個用語便取代了我經常翻來覆去的其他蠢名稱。

幾年前，我開始使用卡片講述故事及建造產品待處理項目，我從我的朋友 Larry Constantine 那裡學到這種做法，並且對它做了一些低劣的簡化。若是沒有機會直接向 Larry 學習，在我心中，故事對照及使用者經驗的實務觀念可能就無法醞釀成形。

這些年來，充滿智慧的 David Hussman 一直是我的好朋友、支持者，以及同路人。聆聽 David 述說故事，並且受到他不斷的鼓勵，才會有今天的我。在故事地圖這個名稱出現之前，David 早就在建立故事地圖了。

另外，要是沒有 Tom 與 Mary Poppendieck 的支援，我是無法完成這本書的。Tom 特別領教了我在過去十年所展現的糟糕文筆（即動物標本剝製術般的寫作方式），但還是不吝給我許多鼓勵。幾個月前，他拒絕離開我家，直到我把最後的草稿送給 O'Reilly，如果沒有他的堅持，我還在那邊東摸西摸，一直認為它還不夠好。

還有其他一路上提供支持與寶貴意見的朋友，包括 Zhon 與 Kay Johansen、Aaron Sanders 與 Erica Young、Jonathan House、Nate Jones，以及 Christine DelPrete。

特別感謝 Gary Levitt，Globo.com 的所有人員，Liquidnet 的 Eric Wright，以及 Workiva 的朋友們，謝謝你們允許我在這本書的第一章裡述說那些美妙的故事。

多年來，有無數人請我停下來，聆聽他們述說他們是如何運用故事對照或我所提供的建言，我覺得有點不好意思，我心裡暗想，其實，我從他們身上學到的可能比他們從我這裡學到的還要多，我很高興可以讓其中一小部分人把他們的經驗貢獻給這本書，特別感謝：Josh Seiden、Chris Shinkle、Sherif Mansour、Ben Crothers、Michael Vath、Martina Luenzman、Andrea Schmieden、Ceedee Doyle、Erin Beierwaltes、Aaron White、Mat Cropper、Chris Gansen 與 Jason Kunesh、Rick Cusick、Nicola Adams，以及 Steve Barrett。

還有一大群我曾經與其交流，並且從他們身上學到寶貴經驗的人，很遺憾，因為出版日期緊迫，沒辦法提供足夠的時間讓他們好好整理，但還是在這裡向他們深深致謝。這些人包括：Ahmad Fahmy、Tobias Hildenbrand、Courtney Hemphill、Samuel Bowles、Rowan Bunning、Scout Addis、Holly Bielawa 及 Jabe Bloom。對這些人以及讀到這段文字的所有人來說，我仍然冀望聆聽你們的故事，或許，我會發佈特別的「導演剪輯版」（director's cut），涵蓋所有未能收錄的幕後花絮。

在本書寫作的最後階段裡，我收到 Barry O'Reilly、Todd Webb 以及 Petra Wille（真的是最後一刻）所提供的寶貴審閱意見，他們的詳實指正幫助我為本書進行了最完善的修飾。

最後，衷心感謝 Mary Treseler 及 O'Reilly 的製作團隊，謝謝他們忍受我的不斷拖延及令人膽戰心驚的時程表，並且持續支持我，陪伴我堅持到最後一刻。

參考資料

Adlin, Tamara, and John Pruitt. The *Essential Persona Lifecycle: Your Guide to Building and Using Personas*. Burlington: Morgan Kaufmann, 2010.

Adzic, Gojko. *Impact Mapping: Making a Big Impact with Software Products and Projects*. Surrey, UK: Provoking Thoughts, 2012.

--. *Specification by Example: How Successful Teams Deliver the Right Software*. Shelter Island: Manning Publications, 2011.

Armitage, John. "Are Agile Methods Good for Design," Interactions, Volume 11, Issue 1, January-February, 2004. *http://dl.acm.org/citation. cfm?id=962352.*

Beck, Kent. *Extreme Programming Explained: Embrace Change*. New York: Addison-Wesley Professional, 1999.

Beck, Kent, and Michael Fowler. *Planning Extreme Programming*. New York: Addison-Wesley Professional, 2000.

Cagan, Marty. *Inspired: How to Create Products Customers Love*. Sunnyvale: SVPG Press, 2008.

Cheng, Kevin. *See What I Mean: How to Use Comics to Communicate Ideas*. Brooklyn: Rosenfeld Media, LLC, 2012.

Cockburn, Alistair. *Agile Software Development*. New York: Addison-Wesley Professional, 2001.

--. *Writing Effective Use Cases*. New York: Addison-Wesley Professional, 2000.

Cohn, Mike. *User Stories Applied: For Agile Software Development.* New York: Addison-Wesley Professional, 2004.

Constantine, Larry L., and Lucy A.D. Lockwood. *Software for Use: A Practical Guide to the Models and Methods of Usage-Centered Design.* New York: Addison-Wesley Professional, 1999.

Cooper, Alan. *The Inmates Are Running the Asylum: Why High-Tech Products Drive Us Crazy and How to Restore the Sanity.* Indianapolis: Sams – Pearson Education, 2004.

Gothelf, Jeff. *Lean UX: Applying Lean Principles to Improve User Experience.* Sebastopol: O'Reilly Media, 2013.

Jeffries, Ron, Ann Anderson, and Chet Hendrickson. *Extreme Programming Installed.* New York: Addison-Wesley Professional, 2007.

Klein, Laura. *UX for Lean Startups: Faster, Smarter User Experience Research and Design.* Sebastopol: O'Reilly Media, 2013.

Ries, Eric. *The Lean Startup: How Today's Entepreneurs Use Continuous Innovation to Create Radically Successful Businesses.* New York: Crown Business, 2011.

Sy, Desiree. "Adapting Usability Investigations for Agile User-Centered Design," Journal of Usability Studies, Vol. 2, Issue 3, May 2007. *http://www.upassoc.org/upa_publications/jus/2007may/agileucd.html.*

Tom Demarco et al. *Adrenaline Junkies and Template Zombies: Understanding Patterns of Project Behavior.* New York: Dorset House, 2008.

Yates, Jen. *Cake Wrecks: When Professional Cakes Go Hilariously Wrong.* Kansas City: Andrews McMeel Publishing, 2009.

索引

關於作者

憑藉著二十年的豐富經驗，**Jeff Patton** 體悟到設計與建造軟體並沒有「唯一正確的方法」，然而，錯誤的方法卻多如過江之鯽。

十五年來，Jeff 遍歷各式各樣的產品開發工作，從線上飛機零件訂購、電子醫療記錄到幫助組織改進工作模式等等，當許多開發流程聚焦在交付速度與效率時，Jeff 兼顧並且考量產品建造的需要性，戮力打造提供卓越價值並且追求市場成功的產品。

自從在 2000 年加入早期的極限編程團隊起，Jeff 一直把焦點集中在敏捷方法，尤其擅長有效整合使用者經驗設計、產品管理實踐，以及工程實務等諸多面向。

Jeff 目前是一位獨立顧問、敏捷流程的指導者、及產品設計流程的教練與導師。他在 *agileproductdesign.com* 與 Alistair Cockburn 的 *Crystal Clear* 上，針對敏捷產品開發的各個主題發表了許多文章、短文與介紹。Jeff 是名為 agile-usability 的 Yahoo 討論群組的創始人與管理員、StickyMinds.com 與 IEEE Software 的專欄作家、Certified Scrum Trainer，以及在 2007 年的 Gordon Pask Award for contributions to Agile Development 大獎（Agile Alliance）的得主。

出版記事

本書的封面動物是紫胸佛法僧（lilac-breasted roller），牠被視為全世界最美麗的鳥類之一，長尾，尖翅，鳥羽繽紛，令人目眩神迷。它是肯亞與波札那共和國的國鳥，分佈在非洲南部與阿拉伯半島南部的廣大區域。

這種鳥類平時獨棲或成對，但在冬季期間也可能以群棲的方式生活。它們棲息在樹枝頂端的制高點，靜待獵物靠近，再以迅雷不及掩耳的速度衝出，攫食獵物。憑藉著優異的飛行能力，讓到手的獵物撞擊岩石或地面，在吞下肚之前先讓它們安息。

這種鳥類遵循一夫一妻制（據說是終生廝守），其名稱中的 "roller"（翻滾者）實際上源自於雄性在繁殖期間為吸引雌性而展現的翻滾飛行特技，雄鳥由高處俯衝，一路旋轉而下，同時發出尖銳的聲音，竭力吸引雌鳥的注意。

歐萊禮書籍封面上的許多動物都面臨瀕臨絕種的危機，牠們是這個世界重要的一份子，想知道如何進一步幫助牠們的讀者，可以參考 *animals.oreilly.com*。

本書封面圖片摘錄自《Braukhaus Lexicon》。

使用者故事對照 | User Story Mapping

作　　者：Jeff Patton
譯　　者：楊仁和
企劃編輯：蔡彤孟
文字編輯：王雅雯
設計裝幀：陶相騰
發 行 人：廖文良

發 行 所：碁峰資訊股份有限公司
地　　址：台北市南港區三重路 66 號 7 樓之 6
電　　話：(02)2788-2408
傳　　真：(02)8192-4433
網　　站：www.gotop.com.tw
書　　號：A444
版　　次：2016 年 05 月初版
　　　　　2024 年 08 月初版二十一刷
建議售價：NT$580

國家圖書館出版品預行編目資料

使用者故事對照 / Jeff Patton 原著；楊仁和譯. -- 初
版. -- 臺北市：碁峰資訊, 2016.05
　　面；　公分
　譯自：User Story Mapping
　ISBN 978-986-347-946-8(平裝)
　1.軟體研發　2.電腦程式設計
312.2　　　　　　　　　　　　　105001564